Die Bibliothek der Technik
Band 112

# Die moderne Elektroverteilung

## Von der klassischen Elektroinstallation zum Europäischen Installationsbus

Horst-Dieter Gerber
Heinz Untersteller

verlag moderne industrie

Dieses Buch wurde mit fachlicher Unterstützung
der Hager Electro GmbH erarbeitet.


An der Erstellung des Buches waren weiterhin beteiligt:
Thomas Gottschau, Volker Lehr

Die Deutsche Bibliothek – CIP-Einheitsaufnahme

**Gerber, Horst-Dieter:**
Die moderne Elektroverteilung : von der klassischen Elektroinstallation
zum Europäischen Installationsbus / Horst-Dieter Gerber ;
Heinz Untersteller. [Hager Electro]. –
Landsberg/Lech : Verl. Moderne Industrie, 1995
   (Die Bibliothek der Technik ; Bd. 112)
   ISBN 3-478-93106-1
NE: Untersteller, Heinz:; GT

© 1995 Alle Rechte bei
verlag moderne industrie, 86895 Landsberg/Lech
Abbildungen: Hager Electro
Satz: abc satz bild grafik, Buchloe
Druck und Bindung: Bosch-Druck, Landshut
Printed in Germany 930106
ISBN 3-478-93106-1

# Inhalt

# Einleitung

Elektrische Energie steht uns so selbstverständlich zur Verfügung, daß wir uns schon nicht mehr fragen, woher sie kommt und wie sie verteilt wird. Dabei hielt sie erst vor 100 Jahren Einzug in unsere Häuser. Damals war es eine Revolution, als plötzlich an Stelle der Petroleum- oder Gaslampe eine helle Glühbirne den Raum erhellte.

**Von der Glühbirne zum Beleuchtungssystem**

Seitdem ist die Entwicklung rasant vorangeschritten. Heute sind wir nicht mehr mit einer in der Mitte angebrachten, schummerigen Glühbirne zufrieden, sondern setzen verschiedenste Beleuchtungssysteme ein, um unsere Umgebung entweder funktional zu beleuchten oder mit Licht, Schatten und Farbe effektvoll zu gestalten. Wir drehen auch nicht mehr das Licht ab, sondern schalten und dimmen mit Hilfe ergonomisch und architektonisch gestalteter Schalter.

Mit elektrischer Energie müssen zahlreiche Geräte im Haushalt versorgt werden, die entweder fest oder variabel mit dem Energienetz verbunden sind. Am deutlichsten wird dies in einer modern eingerichteten Küche (Abb. 1). Da ist der Elektroherd mit elektronisch regelbaren Schnellkochplatten und dem Back- und Grillzentrum, darüber der Dunstabzug, daneben die Mikrowelle, der Geschirrspüler, der Heißwasserbereiter, die Kaffeemaschine, der Kühlschrank und vieles mehr.

Meist durch besondere Türen verschlossen, finden wir, oft bescheiden in einer Ecke eines Kellerraumes, den Elektroschrank.

**Verteilung elektrischer Energie**

Die Elektroverteilung hat primär die Aufgabe, im Haus die elektrische Energie dorthin zu verteilen, wo sie gebraucht wird. Sie mußte sich im Laufe der letzten 100 Jahre der stürmischen

Entwicklung der Elektrogeräte anpassen und gilt heute als eine der kompliziertesten Einrichtungen im Gebäude. Sie besteht aus Gehäusen (Abb. 2), vollgepackt mit Modulargeräten und einem weitverzweigten Kabelnetz.

Die Elektroverteilung ist heuzutage im Vergleich zu den Anfängen für große Leistungen ausgelegt. Sie muß diese exakt messen und zählen, die Energie so verteilen, daß Menschen nicht in unmittelbaren Kontakt zu stromführenden Teilen kommen können und im Fehlerfall menschliches Leben schützen.

Im technischen Spachgebrauch sind die Begriffe *Elektroverteilung* und *Elektroinstallation* nicht scharf getrennt. Mit Elektroverteilung wird häufig das Gesamtsystem und seine Funktion angesprochen, mit Elektroinstallation die Verdrahtung und die Installationstätigkeit.

In dem Maße, wie die Komplexität der Elektroverteilung zunahm, wuchsen die Gehäuse und

*Abb. 1:*
*Die moderne Küche mit ihren zahlreichen Elektrogeräten ist meist der größte Lastschwerpunkt im Haus.*

*Abb. 2:*
*Die Elektroverteilung*
*darf nur vom Elektro-*
*fachmann installiert*
*und gewartet werden.*

**Gefragt ist**
**Flexibilität**

die Kabelstränge. Daher besteht der dringende Wunsch, die Elektroverteilung zu dezentralisieren, die Intelligenz zu den Abnahmestellen hin zu verlagern und Kabelwege zu vereinfachen. Insbesondere ändert sich in modernen Zweckbauten von Zeit zu Zeit die Raumaufteilung und Nutzung. Dem soll die Elektroverteilung mit geringstmöglichem Aufwand angepaßt werden können. Dazu werden immer häufiger Komponenten der Mikroelektronik eingesetzt und Steuerinformationen auf Kommunikationsbussen übertragen.

Die Technik der busfähigen Elektroverteilung befindet sich heute noch in der Einführungsphase. Sie wird aber in den nächsten 10 Jahren unsere Elektroverteilung von Grund auf verändern, ähnlich wie es die Einführung des Personalcomputers in der Bürowelt getan hat.

# Aufgaben und Funktionen

## Schutz des Menschen

Der elektrische Strom kann bei Mensch und Tier schwere körperliche Schäden verursachen oder sogar tödlich sein. Da nur wenige Menschen die Wirkungsweise des elektrischen Stromes verstehen und da er sich mit den Sinnesorganen nicht direkt wahrnehmen läßt, kommt den Schutzmaßnahmen besondere Bedeutung zu.

In Deutschland ist die Unfallrate extrem niedrig mit abnehmender Tendenz. Das liegt an dem hohen Sicherheitsstandard, der unsere moderne Elektroinstallation auszeichnet. Dieser Sicherheitsstandard wird erreicht durch sichere Elektrogeräte, sichere Elektroverteilungen sowie durch fachmännische Installation und durch einen guten, zuverlässigen Service des Elektrohandwerks.

**Hoher Sicherheitsstandard**

Alle wichtigen Maßnahmen zum Schutz des Lebens vor *gefährlichen Körperströmen* – so der Fachausdruck – sind in DIN- und VDE-Vorschriften festgelegt. Sie sind für die Hersteller, die Planer, die Errichter, die Abnahmebehörden und selbst für den Nutzer bindend.

Unser Sicherheitskonzept besteht aus abgestuften Maßnahmen. Im Gesamtsystem wirken diese Maßnahmen zusammen, so daß erstens alle denkbaren Fehlerfälle berücksichtigt sind und zweitens ein einzelner Fehlerfall meist nur eine begrenzte Gefährdung bedeutet. Gefährlich kann es werden, wenn einzelne Sicherungsmaßnahmen weggelassen bzw. ausgeschaltet oder wenn die Sicherheitsorgane nicht von Zeit zu Zeit überprüft werden.

**Abgestufte Schutzmaßnahmen**

**Isolierung**

Man unterscheidet den *direkten* und *indirekten* Berührungsschutz. Überall dort, wo für den Menschen gefährliche Ströme und Spannungen auftreten können, verhindert man durch geeignete Isolierungsmaßnahmen die direkte Berührung der elektrischen Leiter. Beispielsweise sind beim Elektroverteiler alle stromführenden Teile und Klemmen durch Kunststoffhüllen berührungssicher abzudecken.

Elektrogeräte, die von einem Metallgehäuse umgeben sind, können im Kurzschlußfall, d.h., wenn ein Leiter Kontakt mit dem Gehäuse bekommt, für den Menschen gefährlich werden. Da man die stromführenden Teile indirekt berühren würde, spricht man bei den entsprechenden Schutzmaßnahmen von indirektem Berührungsschutz. Ihm kommt in der Elektroinstallation große Bedeutung zu.

**Schutzerdung**

Die wichtigste Maßnahme ist die Schutzerdung. Man führt in der gesamten Installation einen Schutzleiter mit – in Deutschland die bekannte grün-gelbe Leitung. Sie verbindet alle

*Abb. 3:*
*Der Fehlerstrom-*
*schutzschalter (FI-*
*Schalter) schützt*
*auch in Extremfällen*
*vor lebensbedrohli-*
*chen Stromschlägen.*

metallischen Gehäuse, alle Sanitäreinrichtungen und Rohrleitungssysteme mit dem Erdpotential des Gebäudes. Bei Berührung eines fehlerhaften stromführenden Metallkörpers wird der weitaus größte Teil des elektrischen Stroms über den Schutzleiter abgeführt, so daß der Fehlerstrom, der durch den menschlichen Körper fließt, meist ungefährlich ist.

Eine großartige Erfindung ist der *Fehlerstromschutzschalter* (FI-Schalter) (Abb. 3). Er begrenzt den Fehlerstrom, der von einem spannungsführenden Gehäuse zur Gebäudeerde fließen kann, auf den für den Menschen ungefährlichen Wert von 30 mA und unterbricht die Stromzuführung des defekten Gerätes. Er funktioniert insbesondere auch dann noch, wenn der Schutzleiter zum Gerät unterbrochen ist. Der FI-Schalter ist für Bäder und Feuchträume vorgeschrieben. Er wird auch für Außenbereiche, Küchen und Kinderzimmer als heute wirksamster Schutz empfohlen.

**Fehlerstromschutzschalter**

Eine weitere Schutzmaßnahme findet auf Geräteebene Anwendung: die Sicherheitskleinspannung. Meist in einem Trenntransformator, der in der Steckdose steckt, wird eine Versorgungsspannung unter 30 V erzeugt und gleichzeitig der Strom begrenzt. Solche Geräte können unbedenklich im Bad oder im Kinderzimmer eingesetzt werden. Ein Beispiel hierfür ist die elektrische Zahnbürste.

**Sicherheitskleinspannung**

Einen weiteren wesentlichen Beitrag zum Personenschutz liefert die Elektroinstallation durch die Art der verwendeten Kabel, der Kabelführung, der Steckverbindungen und durch den Direktanschluß aller größeren Verbraucher.

# Schutz der Elektroinstallation

Durch unsachgemäße Installation oder durch falsche Absicherung können das Elektrogerät,

*Abb. 4:*
*Jeder Stromkreis ist*
*individuell abgesi-*
*chert gegen Kurz-*
*schluß und Überlast.*

**Aufteilung der**
**Stromkreise**

die Elektroinstallation oder, wenn dadurch ein Brand ausgelöst wird, sogar das ganze Gebäude beschädigt werden. Es ist daher eine wichtige Funktion der Elektroverteilung, solchen Anlagenschäden vorzubeugen.

Eine Maßnahme zum Schutz der Gesamtanlage ist die Aufteilung in Stromkreise. Mehrere Stromkreise werden in einem Stromkreisverteiler zusammengefaßt. Die Stromkreise sind über Hauptleitungen mit übergeordneten Verteilern oder direkt mit dem Hauptverteiler verbunden. Insgesamt entsteht bei großen Verteilungen eine Baumstruktur. Jeder Stromkreis und jede Hauptleitung ist selektiv so abgesichert, daß im Idealfall nur der fehlerhafte Teil ausfällt, der Rest aber in Funktion bleibt. Die Abschaltung erfolgt so schnell, daß Schäden an der Anlage vermieden werden.

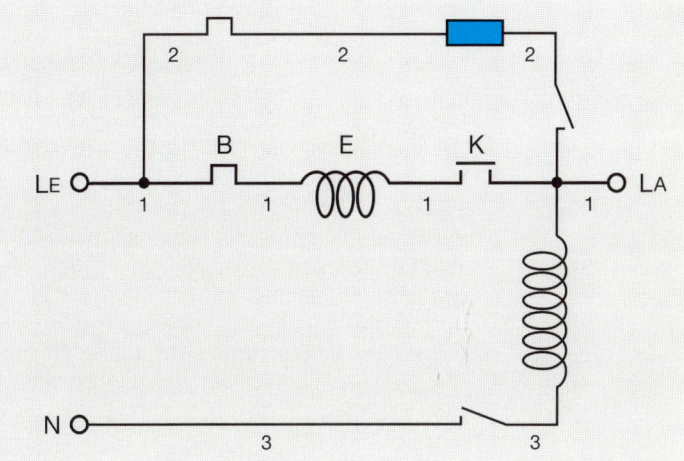

Zur normalen Absicherung verwendet man *Leitungsschutzschalter* (Abb. 4, 5) und *Schmelzsicherungen*. Sie werden für verschiedene Stromstärken und mit verschiedenen Abschaltcharakteristiken angeboten. Sowohl Leitungsschutzschalter als auch Schmelzsicherungen müssen auf die Installation und die Geräte abgestimmt sein. Induktive Verbraucher, also Motoren, können einen bis zu zehnfachen Anlaufstrom aufnehmen; hierfür benötigt man träge Sicherungen. In kaskadierten Elektroverteilungen werden selektive Leitungsschutzschalter eingesetzt.

Insgesamt läßt sich erkennen, wie schwierig die richtige Absicherung ist. Da durch falsche Absicherung große Folgeschäden entstehen können, sollte der Laie nie Sicherungen gegen andere Typen austauschen oder gar überbrücken.

Die Elektroverteilung ist elektrischen, thermischen und mechanischen Belastungen ausgesetzt.

*Abb. 5:*
*Der selektive Leitungsschutzschalter (SLS-Schalter) erkennt in kaskadierten Stromkreisen exakt den Fehlerstrom und schaltet nur den fehlerhaften Kreis ab. Die Grundbausteine des SLS-Schalters sind:*
*B   thermischer Überstromauslöser*
*E   Kurzschlußauslöser*
*K   Hauptkontaktstelle*
*1   Hauptkreis*
*2   Nebenkreis*
*3   Einschaltkreis*
*Lᴇ  Leiter Eingang*
*Lᴀ  Leiter Ausgang*
*N   Nulleiter*

**Prüfung auf
Kurzschluß-
festigkeit**

Elektrische Überlastung bedeutet zu hohe Spannung, Zerstörung der Isolation, Kurzschluß und als Folge Zerstörung von Bauteilen und Geräten. Der Elektroinstallateur wird jede Elektroverteilung sorgfältig auf Isolations- und Kurzschlußfestigkeit prüfen und auf richtige Absicherung achten.

Thermische Überlastung wird durch zu hohen Strom hervorgerufen und führt zur Erwärmung von Geräten und Leitungen, zu Verformung und schlimmstenfalls zu Brand. Sie wird durch richtiges Aufteilen der Stromkreise und die richtige Dimensionierung vermieden.

Jedes Elektrogerät erzeugt Verlustleistung in Form von Wärme, auch die Schalt- und Schutzorgane im Verteiler. Der Verteiler wird so ausgelegt, daß die Verlustwärme auch im ungünstigsten Fall nicht zu einer Übertemperatur im Gehäuse und damit zum Ausfall der Schutzvorrichtungen führen kann.

*Abb. 6:
Sammelschienen-
systeme verteilen die
großen Ströme im
Verteiler. Im Kurz-
schlußfall treten
enorme elektro-
mechanische Kräfte
auf.*

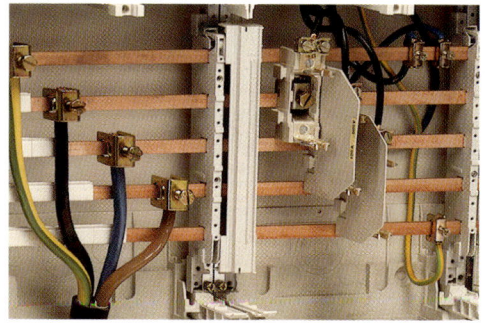

Mechanische Überlastung kann bei Sammelschienensystemen (Abb. 6) durch die gewaltigen elektromagnetischen Anziehungs- und Abstoßungskräfte entstehen. Sie läßt sich nur durch konstruktive Maßnahmen vermeiden.

Da viele Schäden auf fehlenden oder ungenügenden Blitzschutz zurückzuführen sind, be-

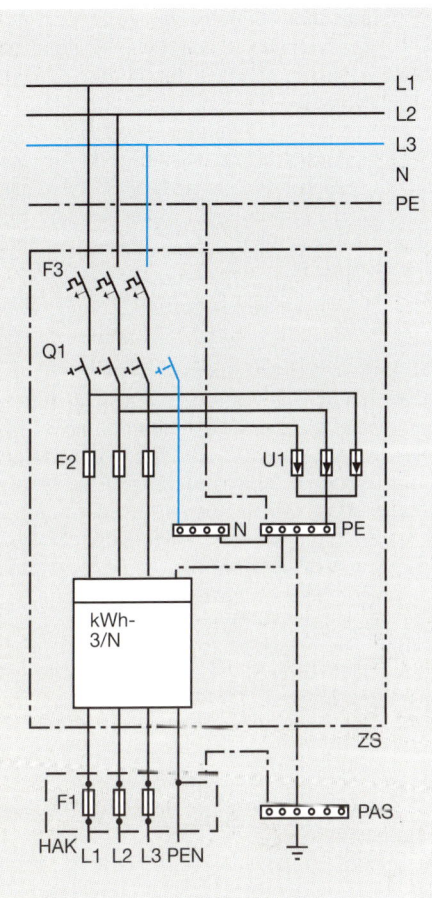

*Abb. 7:*
*Überspannungsab-*
*leiter im Verteiler*
*schützen beim direk-*
*ten und indirekten*
*Blitzeinschlag elek-*
*tronische Geräte vor*
*der Zerstörung.*
*L1, L2, L3 Außenleiter*
*N       Mittelleiter*
*PE      Schutzleiter*
*F1, F2, F3 Schutz-*
*        einrichtungen*
*Q1      Leistungs-*
*        schalter*
*U1      Überspan-*
*        nungsableiter*
*ZS      Zählerschrank*
*PAS     Potentialaus-*
*        gleichsschiene*
*HAK     Hausanschluß-*
*        kasten*
*PEN     Nulleiter*

**Blitzschutz**

steht ein weiterer wichtiger Schutz der Elektroverteilung in direkten und indirekten Blitz-
schutzmaßnahmen.

Bei einem direkten Blitzeinschlag in das Gebäude, in dessen Nähe oder in eine nahe Elek-
troversorgungseinrichtung wird eine elektromagnetische Stoßwelle ausgelöst, die sich wie

**Kurzzeitige Überspannungen**

die Wellen eines ins Wasser geworfenen Steines im elektrischen Netz ausbreitet. Sie kann kurzzeitige Überspannungen von einigen tausend Volt hervorrufen. Die Stoßwelle durchläuft die Elektroverteilung, ohne die normalen Überspannungssicherungen auszulösen; sie kann über die geöffneten Schaltkontakte der angeschlossenen Geräte hinwegspringen und diese sogar im abgeschalteten Zustand zerstören. Überspannungsableiter im Verteiler (Abb. 7) oder an den Endgeräten helfen dies zu verhindern.

**Große Ausgleichsströme**

Bei Industrieverteilungen mit mehreren Einspeisestellen kann durch Blitzschlag das normalerweise gleiche Erdpotential an einer Stelle kurzzeitig angehoben werden. Dadurch können zwischen den Elektroverteilungen große Ausgleichsströme fließen. Diese Tatsache kann sich in Kommunikationsnetzen verhängnisvoll auswirken, wenn nicht auf konsequente Potentialtrennung und konsequenten Überspannungsschutz geachtet wurde.

**Induktionsströme**

Eine weitere Gefahr stellen Induktionsströme dar, die in schleifenförmig verlegten Leitungen durch das sich schnell ändernde elektrische Feld des Blitzes induziert werden. Dies gilt insbesondere für das Erdungsnetz einschließlich der Rohrsysteme im Gebäude. Der Fachmann achtet darauf, daß alle Erdungsleitungen auf einen gemeinsamen Sternpunkt geführt werden, um derartige Schleifenbildungen zu vermeiden.

Ein vom Fachmann installierter Blitzschutz berücksichtigt alle hervorstehenden Teile des Gebäudes, er schirmt das Gebäude gegen elektromagnetische Felder von außen ab und leitet den Blitzstrom ins Erdreich. Dadurch verhindert er nicht nur den gefürchteten Brand, sondern auch die Induktionsströme.

# Messen und Zählen

Das Messen und Zählen der elektrischen Grö-
ßen, der Wirk- und Blindleistung, der Ströme
und Spannungen und der verbrauchten Energie
gehört zu den wichtigen Funktionen der Elektroverteilung. Alle Verbrauchsmessungen unterliegen dem Eichgesetz, d.h., es dürfen nur
geeichte und plombierte Instrumente eingesetzt
werden, die regelmäßig in festgelegten Zeiträu-
men zu überprüfen sind (Abb. 8).

**Eichung**

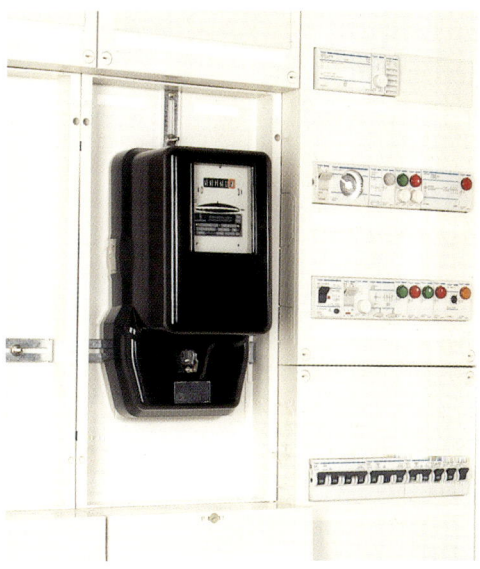

*Abb. 8:*
*Der Elektrozähler*
*ist geeicht und*
*verplombt; er mißt*
*exakt die bezogene*
*Energie.*

Damit zum einen der Kunde auch wirklich nur
die von ihm verbrauchte Energie bezahlen muß
und zum anderen dem Energieversorgungsunternehmen (EVU) alle gelieferte Energie vergü-
tet wird, sind die Installationsrichtlinien hier
besonders streng. Ihnen wird durch Aufstellung
eines Zählerschranks durch eine lizensierte
Fachfirma Rechnung getragen.

**Vermeidung von Verbrauchsspitzen**

Vor dem Hintergrund steigender Primärenergiepreise und mit Blick auf den Umweltschutz sind inzwischen alle EVUs daran interessiert, Verbrauchsspitzen zu vermeiden. Verbraucher ab einer bestimmten Bezugsleistung – und diese ist heute sehr niedrig – können mit dem EVU einen Mehrtarif- und/oder Spitzenlastvertrag abschließen. Dadurch besteht einerseits die Möglichkeit, Strom in lastschwachen Zeiten verbilligt zu beziehen, andererseits richtet sich der Gesamtpreis nicht nur nach der verbrauchten Energiemenge, sondern auch nach der tatsächlich gefahrenen Leistungsspitze in der lastkritischen Zeit. Es gibt hierfür unterschiedliche Vertragsmodelle. Der Verbraucher kann mit solchen Verträgen seine Energiekosten drastisch senken, muß allerdings die dafür erforderlichen Meß- und Steuerungseinrichtungen in seiner Elektroversorgung vorsehen.

**Verbilligter Strom**

Als Meßeinrichtung werden in der Regel ein Mehrtarifzähler, gegebenenfalls mit Maximumerfassung, und ein Tarifumschaltgerät eingesetzt. Der Kunde kann im einfachsten Fall durch Handschaltung oder Zeitschaltuhr bestimmte Verbraucher in lastschwachen Zeiten laufen lassen. Er kann aber auch einen Maximumwächter benutzen, um seine Geräte dynamisch und kostengünstig zu schalten.

**Dynamische Geräteschaltung**

Zähler mit Fernauslesung im Zusammenhang mit Fernwirkeinrichtungen ermöglichen es dem EVU und dem Kunden, jederzeit Zwischenablesungen vorzunehmen. Ohne diese Zusatzeinrichtungen wird der Verbrauch nur in größeren Zeitintervallen oder auf Antrag abgelesen. Jeder kennt das Prinzip der Vorauszahlungen und der Jahresabrechnung.

Natürlich kann ein Kunde in seinem Gebäude auch Sekundärzähler mit und ohne Fernablesung einsetzen, um ein genaues Bild über Detailverbräuche und Verbrauchsverhalten zu bekommen. Die Analyse der Verbräuche ist meist die erste und wichtigste Maßnahme für Energiesparmaßnahmen.

# Steuerungsfunktionen

Die elektrischen Verbraucher werden zum großen Teil durch die Elektroinstallation gesteuert. Beispielsweise werden Lampen mit Hilfe von Schaltern ein- und ausgeschaltet oder gedimmt. Dies kann direkt erfolgen, indem der Stromkreis über Lampe und Schalter geführt wird, oder indirekt über Taster und Stromstoßrelais.

In modernen Elektroverteilungen sind die Starkstromversorgung der Verbraucher und deren Steuerung voneinander getrennt. Die Steuer- und Stellsignale werden über einen getrennten Bus übertragen. Man spricht bei solchen Systemen auch von der *busfähigen Elektroverteilung*.

**Trennung von Stromversorgung und Steuerung**

Ein Bus ist ein Nachrichtenübertragungssystem, über das beliebige Informationen zwischen den Busteilnehmern ausgetauscht werden können. Außerhalb der Verteiler wird in der Gebäudesystemtechnik ein einfaches zwei- oder vieradriges Nachrichtenkabel für die Signalübertragung benutzt. Die Busteilnehmer enthalten eine Mikroelektronik, die die Kommunikation abwickelt und ihnen eine bestimmte »Intelligenz« verleiht. Ein Busteilnehmer erhält seine eigentliche Funktion erst durch ein Programm. Es kann einfach geladen und verändert werden, insbesondere auch später im laufenden Betrieb.

**Kommunikation über den Bus**

In klassisch aufgebauten Systemen existieren verschiedene Anwendungen wie Beleuchtung, Jalousiensteuerung, Sicherheitsüberwachung und Temperaturregelung parallel zueinander. Jede von ihnen besitzt ihr eigenes Steuerungssystem und ihre eigenen Steuerleitungen. Die

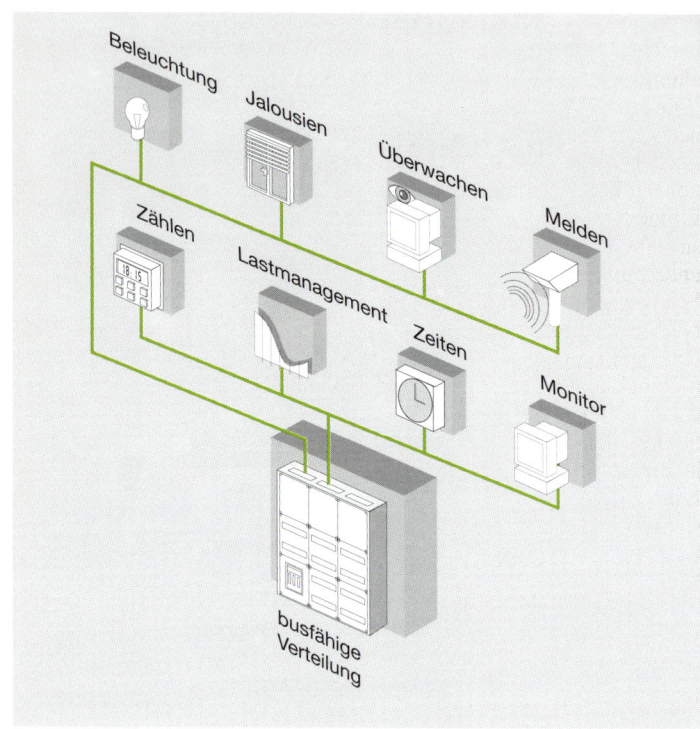

*Abb. 9:*
*Die busfähige Vertei-*
*lung steuert die Ver-*
*braucher nicht mehr*
*starr über das Stark-*
*stromnetz, sondern*
*flexibel über eine*
*zweiadrige Buslei-*
*tung.*

Gebäudesystemtechnik bietet die Möglichkeit, diese Steuer- und Regelfunktionen über eine gemeinsame serielle Busleitung zu führen, ja sogar die Funktionen abhängig voneinander auszuführen (Abb. 9).

Neben den klassischen Steuerungsfunktionen und -netzen gibt es eine Reihe von speziellen Kommunikationsnetzen, deren Baugruppen und Klemmenverteiler häufig in den Stromverteilern mit untergebracht sind. Dies ist möglich, wenn eine gegenseitige Beeinflussung ausgeschlossen werden kann. Eines dieser Kommunikationsnetze ist das Telefonnetz einer privaten Nebenstellenanlage oder einer privaten

**Kommunikationsnetze**

Fernwirkeinrichtung. Auch eine Wechsel-
sprechanlage, eine hausinterne Videoüberwa-
chung, Computernetze, das Breitbandnetz für
Radio und Fernsehen sind Beispiele für Haus-
netze, die entfernt mit der Elektroverteilung zu
tun haben. Zumindest werden all diese Systeme
von der Elektroverteilung mit Energie versorgt.
Einige Steuerungssysteme benutzen das Starkstromnetz auch zur Übermittlung von Steuer-
und Tonsignalen. Diese Signale werden auf den
Wechselstrom aufmoduliert. Die EVUs haben
hierfür bestimmte Frequenzbänder definiert.
Durch Filter wird sichergestellt, daß die Übertragung nicht über die Hausgrenze hinausgeht,
d.h. nur innerhalb der Elektroverteilung funktioniert. Die Erfahrung zeigt, daß in unseren
heutigen mit Störspannungen verseuchten
Energienetzen diese Übertragung nicht sehr
sicher funktioniert oder nur mit erheblichem
Geräteaufwand sicher genug gemacht werden
kann.

**Frequenzbänder
im Starkstrom-
netz**

# Die Elektro-installation

Um den Aufbau der Elektroinstallation besser zu verstehen, wollen wir kurz auf die Energieerzeugung und die Energieeinspeisung eingehen.

## Erzeugung und Transport der elektrischen Energie

**Energiequellen**

Die elektrische Energie wird in Deutschland zu 53,3% aus Kohle, zu 34,4% aus Atomkraft, zu 6,1% aus Erdgas und Erdöl, zu 4,7% aus Wasserkraft und zu 1,4% aus alternativen Energiequellen gewonnen (Abb. 10). In erster Linie sind es also Wärmekraftmaschinen, die unsere Generatoren antreiben. Die Generatoren liefern eine *Dreiphasen-Wechselspannung* von 6600 V, die für den Überlandtransport auf mehrere hundert Kilovolt hochtransformiert wird, um Leitungsverluste zu minimieren. Auf der Abnehmerseite wird wieder auf 10 oder 30 kV *Mittelspannung* und schließlich auf 230 V *Niederspannung* heruntertransformiert. Dies entspricht einer

*Abb. 10:*
*Aufschlüsselung der zur Stromerzeugung in Kraftwerken eingesetzten Primärenergien*

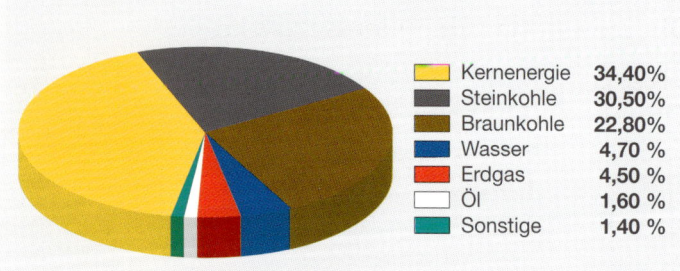

| | |
|---|---|
| Kernenergie | **34,40%** |
| Steinkohle | **30,50%** |
| Braunkohle | **22,80%** |
| Wasser | **4,70 %** |
| Erdgas | **4,50 %** |
| Öl | **1,60 %** |
| Sonstige | **1,40 %** |

Außenleiterspannung von 400 V. Elektrische Energie läßt sich in großem Maßstab nicht speichern, d.h., sie muß in dem Augenblick erzeugt werden, in dem sie verbraucht wird. Durch ein ausgeklügeltes Verbundsystem wird Tag und Nacht eine stabile, kostenoptimale und bedarfsgerechte Versorgung sichergestellt. Dieses garantiert dem Abnehmer eine Spannungskonstanz von ±5% und eine Frequenzkonstanz von ±1,5%. Über den Tag werden Frequenzabweichungen so ausgeglichen, daß frequenzabhängige Uhren wieder richtig gehen.

**Sicherstellung der optimalen Versorgung**

Die Energieversorgungsunternehmen stellen dem Endabnehmer die elektrische Energie in unterschiedlichen Netzformen zur Verfügung. Sie unterscheiden sich hauptsächlich hinsichtlich des *Null-* und des *Schutzleiters*. Die Netzform des EVU an der Einspeisestelle hat unmittelbaren Einfluß auf die hausinterne Elektroinstallation und die Anschaltung der Schutzeinrichtungen.

Übliche Niederspannungstransformatoren haben eine Leistung, die zwischen 400 und 1000 kW liegt. Mehrere Transformatoren können parallel auf einer Sammelschiene arbeiten. Von dort zweigt über Leistungsschalter die Hauseinspeisung ab.

# Die Energieverteilung im Gebäude

Niederspannungsverteilungen können je nach Bauform Ströme bis 3000 A verteilen.
In Wohngebäuden und Kleingewerbebetrieben bestimmt die Hausanschlußsicherung die Größe der Schaltanlagen. In diesen Fällen stellt das EVU Hausanschlußkästen mit 100, 200, 400 oder 600 A zur Verfügung. Dahinter wird eine Stand-, Wand- oder Zähleranlage angeschlossen.

**Hausanschlußsicherung**

*Abb. 11:*
*Am Verteiler kommen*
*alle Leitungen*
*zusammen.*

Hinter dem Zähler kann die Energie direkt verteilt oder über Stufensicherungen oder Leistungsschalter auf Unterverteilungen weitergeleitet werden (Abb. 11). Verbindungskabel zwischen Haupt- und Unterverteiler haben typischerweise Querschnitte von 5 x 10 mm², 5 x 16 mm² oder größer; dies hängt von der Leistung und der Kabellänge und damit von dem zulässigen Spannungsabfall ab.

Ein Steckdosen- oder Lichtstromkreis wird üblicherweise mit 16 A abgesichert; dies entspricht bei 230 V einer Nennleistung von 3,7 kW. Je nach Art und Schutzbereich werden die Verbraucherkreise auch mit Fehlerstromschutzschaltern oder Trenntrafos versehen. Bei fest angeschlossenen Geräten wie Elektroherden, Heizungsanlagen, Warmwasserbereitern oder Motoren kann die Schutzeinrichtung exakt auf die Leistung und Charakteristik der Endgeräte abgestimmt werden.

Die Stromkreise werden möglichst gleichmäßig auf die drei Phasen verteilt.

# Planungshinweise

Hausinstallationen sind Starkstromanlagen mit
250 V *Nennspannung* gegen Erde. Hierfür gelten nach DIN 18015 besondere Richtlinien
über Ausstattung, Betriebsmittelanordnung und
Leitungsführung.
Für den Wohnungsbau wurden von der HEA,
der Hauptberatungsstelle für Elektrizitätsan-
wendung e.V., drei verschiedene Ausstattungsvarianten definiert, die pro Raum eine bestimmte Anzahl von Verbrauchsstellen und pro
Verteilung eine bestimmte Anzahl von Stromkreisen festlegen (Abb. 12).

**Drei Ausstattungsvarianten**

Für Großbauten wie Hochhäuser, Bürogе-
bäude, Großmärkte, Hotels, Krankenhäuser,
Theater gelten nach VDE 0100, 0107, 0108
erhöhte Anforderungen an die Elektrovertilung. Neben den Anschlußwerten aller elektrischen Verbraucher müssen Gleichzeitigkeits-
faktoren sowie tages- und jahreszeitliche Lei-
stungsmaxima in der Planung berücksichtigt
werden. Auf der Basis dieser Daten werden
Trafostationen und deren Standorte geplant.
Das EVU garantiert für folgende Anschlußlei-
stungen einen maximalen Spannungsabfall:

- 100 bis 250 kW 1,0 %
- 250 bis 400 kW 1,25 %
- über 400 kW 1,5 %

**Planung von Industrieanlagen**

Industrieanlagen werden wie Ortsnetze geplant.
Für Industrien der Gruppe 1 geht man von einer
räumlich und zeitlich gleichmäßigen Flächen-
belastung von 50 bis 100 W/m² bei einem
*Blindleistungsfaktor* von 0,6 aus. Die Transformatoren liegen möglichst nahe am Lastschwerpunkt. Für Industrien der Gruppe 2 geht man
von einem räumlich und zeitlich ungleichmäßi-
gen Verbrauch aus. Man versorgt sie über ein
dichtes Maschennetz. Der Spannungsabfall
darf bei Vollast 5 % nicht überschreiten.

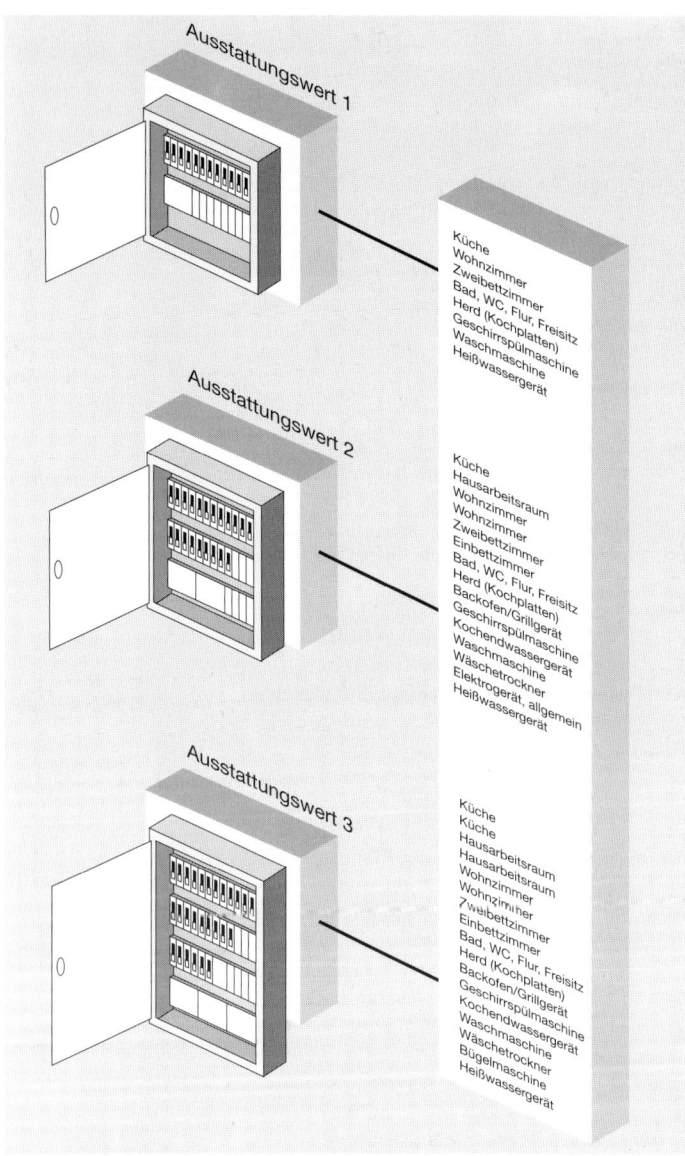

Ausstattungswert 1

Küche
Wohnzimmer
Zweibettzimmer
Bad, WC, Flur, Freisitz
Herd (Kochplatten)
Geschirrspülmaschine
Waschmaschine
Heißwassergerät

Ausstattungswert 2

Küche
Hausarbeitsraum
Wohnzimmer
Wohnzimmer
Zweibettzimmer
Einbettzimmer
Bad, WC, Flur, Freisitz
Herd (Kochplatten)
Backofen/Grillgerät
Kochendwassergerät
Geschirrspülmaschine
Waschmaschine
Wäschetrockner
Elektrogerät, allgemein
Heißwassergerät

Ausstattungswert 3

Küche
Küche
Hausarbeitsraum
Hausarbeitsraum
Wohnzimmer
Wohnzimmer
Zweibettzimmer
Einbettzimmer
Bad, WC, Flur, Freisitz
Herd (Kochplatten)
Backofen/Grillgerät
Geschirrspülmaschine
Kochendwassergerät
Waschmaschine
Wäschetrockner
Bügelmaschine
Heißwassergerät

In Anlagen mit eigener Trafostation darf der Spannungsabfall bis zur Unterverteilung nicht mehr als 3% und bis zur Verbrauchsstelle nicht mehr als 4% betragen.

*Abb. 12 (gegenüber): Die drei Ausstattungsvarianten legen den Komfort der Elektroverteilung fest.*

# Ausführungshinweise

Grundsätzlich dürfen Arbeiten an elektrischen Installationsanlagen und Betriebsmitteln nur von dafür ausgebildeten Fachleuten vorgenommen werden. Als Elektrofachkraft im Sinne der Unfallverhütungsvorschrift gilt, wer aufgrund seiner fachlichen Ausbildung, seiner beruflichen Erfahrung sowie durch Kenntnisse der einschlägigen Bestimmungen die ihm übertragenen Arbeiten beurteilen und mögliche Gefahren erkennen kann.

**Elektrofachkraft gefragt**

# Gerätesicherheit

Elektrogeräte wie beispielsweise Haushaltsgeräte, Arbeits- und Kraftmaschinen, Einrichtungen zum Beleuchten, Beheizen, Kühlen, Be- und Entlüften müssen den allgemein anerkannten Regeln der Technik sowie den Arbeitsschutz- und Unfallverhütungsvorschriften entsprechen. Dies verpflichtet Hersteller, Verkäufer und Installateur in gleicher Weise.

Elektrische Geräte erhalten von einer amtlichen Prüfstelle das *GS-Zeichen* (Abb. 13 oben). Links oberhalb des GS-Zeichens wird das Typenzeichen der Prüfstelle, z.B. VDE, angegeben (Abb. 13 unten).
Elektrogeräte erhalten das *VDE-Zeichen*, wenn es hierfür Prüf- und Bauvorschriften nach DIN gibt.

*Abb. 13:
GS- und VDE-Zeichen bürgen für Gerätesicherheit.*

## Geräteschutzklassen

Die elektrischen Verbrauchsmittel wie Leuchten, Wärmegeräte, Geräte mit elektromotori-

| $\bigoplus$ | $\square$ | $\langle\!\langle\text{III}\rangle\!\rangle$ |
|---|---|---|
| Geräte der Schutzklasse 0 | Geräte der Schutzklasse I | Geräte der Schutzklasse II | Geräte der Schutzklasse III |
| Das sind Geräte, die nur über eine Basisisolierung verfügen und die keine Möglichkeit für einen Schutzleiteranschluß besitzen. Derartige Geräte sind in Deutschland nicht zugelassen. | Das sind Geräte mit einfacher Basisisolierung und mit Schutzleiteranschluß. | Das sind Geräte mit Schutzisolierung. Diese wird *zusätzlich* zur Basisisolierung angebracht und gewährt auch dann noch Schutz bei indirektem Berühren, wenn die Basisisolierung schadhaft werden sollte. Geräte dieser Art dürfen keinen Schutzleiteranschluß besitzen. | Das sind Geräte zum Anschluß an Schutz-Kleinspannung, also an eine Nennspannung bis 50 V Wechselspannung bzw. 120 V Gleichspannung. Geräte der Schutzklasse III dürfen nicht mit Anschlußstellen für den Schutzleiter ausgestattet sein. |

*Abb. 14:*
*Schutzklassen*

schem Antrieb für den Hausgebrauch, Elektrowerkzeuge, elektromedizinische Geräte werden in vier Schutzklassen eingeteilt (Abb. 14). Für jede Schutzklasse gibt es ein Symbol.

Geräte mit Basisisolierung ohne Schutzleiteranschluß sind in Deutschland verboten.

### Elektrowärmegeräte

Heiz- und Raumklimageräte mit einem Anschlußwert von mehr als 2 kW müssen für Drehstromanschluß ausgelegt sein.

Elektrogeräte zwischen 9 und 12 kW werden normalerweise dreiphasig angeschlossen. Der Anschluß erfolgt entweder fest über eine Gerätedose oder flexibel über eine Spezialleitung.

Heißwasserboiler stehen als Zentralgerät oder Untertischgerät zur Verfügung. Durchlauferhitzer erwärmen das Wasser erst bei Bedarf, können jedoch wegen ihres hohen Anschlußwertes von 9 bis 24 kW nur begrenzt, d.h. nur bei ausdrücklicher Genehmigung durch das EVU, eingesetzt werden.

Raumheizgeräte gibt es in unterschiedlicher Bauart. Direktheizkörper wie Konvektor- oder Gebläseheizgeräte oder Fußbodenheizungen erzeugen die Wärme unmittelbar nach Bedarf. Speicherheizgeräte, die es als Einzel- oder Blockspeichergeräte mit einer Leistung von 2 bis 40 kW gibt, werden in Abhängigkeit von der Außentemperatur aufgeladen und geben ihre Wärme dosiert ab. Zentrale Blockspeicher arbeiten häufig in Verbindung mit einem Warmwasserkreislauf. Alle Speicherheizungen sind träge und lassen sich in den Übergangszeiten, in denen die Außentemperaturen stark schwanken, nur schwer regeln. Sie sind nur mit Genehmigung des EVU einsetzbar.

**Fernmeldeanlagen**

Fernmeldeanlagen dienen im weitesten Sinn der Übermittlung von Nachrichten und Informationen. Für die Sicherheit dieser Anlagen und Geräte in Hinsicht auf den Schutz des Lebens und der Gesundheit gelten die VDE-Normen 0800 Teil 1-10 und 0804. Fernmeldeanlagen, die mit dem öffentlichen Netz der Telekom zusammenhängen, unterliegen den BZT-Richtlinien 1R8-3, 1R8-6 und TV1, die vom **B**undesamt für **Z**ulassungen in der **T**elekommunikation, Saarbrücken, vergeben werden.

Gefahrenmeldeanlagen nützen im Ernstfall nur, wenn sie nach den genauen Richtlinien der Hersteller installiert sind und VDE 0833 Teil 2 für Brandmeldeanlagen und VDE 0833 Teil 3 für Einbruchmeldeanlagen genügen.

**Gefahren-meldeanlagen**

Fernwirkanlagen und Starkstromanlagen können sich in einem Verteiler befinden, wenn sie durch eine Isolierwand voneinander getrennt sind.

# Die Installationstechnik

Bei der Verlegung von Leitungen und Kabel innerhalb der Elektroinstallation gibt es je nach Art und Ausführung verschiedene Installationstechniken. Hausanschlüsse können über Freileitungen als Dach-, Wand- oder Erdanschlüsse am Objekt ausgeführt werden. Diese Installationen werden überwiegend von den EVUs oder von autorisierten Firmen durchgeführt.

**Unterschiedliche Kabeltypen**

Die Verbindungsleitung zur Zähler- oder Verteileranlage kann über unterschiedliche Kabeltypen (NYA, NYY, N2XY, NFA2X oder NFYW) erfolgen. Je nach Verlegungsart sind Schutzrohre zu verwenden und Schutzabstände zu brennbaren Materialien einzuhalten.

Der Hausanschlußkasten dient als Übergabestelle für die elektrische Energie aus dem Stromnetz der EVU in den häuslichen oder gewerblichen Funktionsbereich. Die EVUs haben in ihren technischen Anschlußbedingungen (TAB) Hinweise und Vorgaben, welche Schutzart für welchen Bereich gilt und daraus resultierend, welche Hausanschlußgehäuse gesetzt werden müssen.

**Der Hausanschlußkasten**

In Ballungsräumen werden fast alle Anschlüsse über Kabel (Erdanschlüsse) realisiert. Die Weiterführung ab der Hausanschlußsicherung wird deshalb meist mit NYM-, NYY- oder NYCWY-Kabel und -Leitungen durchgeführt. Die Verlegung erfolgt auf Putz, unter Putz, in Kabelkanälen oder auf Kabelbühnen. Die interne Elektroinstallation hängt von der Gebäudekonstruktion ab. Ist ein Gebäude aus Betonfertigteilen zusammengesetzt, so müssen in den Wänden oder Deckenplatten die Hohlräume zur späteren Installation bereits bei der Herstellung dieser Teile berücksichtigt werden. Installationsrohre müssen für schwere mechanische Beanspruchung geeignet sein, da beim Betonieren Rüttel-, Schüttel- und Stampfgeräte eingesetzt werden. ASCF- und AS-Schalterdosen müssen das Zeichen »B« für Beton tragen. NYM-Leitungen dürfen nicht direkt im Beton verlegt werden. Da in Gebäuden aus Betonfertigteilen die waagrechte Leitungsführung fast unmöglich ist, verwendet man überwiegend Wand-, Brüstungs- oder Fußbodenkanäle aus PVC. Diese Art der Installation ermöglicht eine getrennte Leitungsführung der Netz,- Telefon- und Kommunikationsleitungen. Bei Hohlwänden, die in Leichtbauweise ausgeführt sind, werden meist Span- oder Gipskarton oder ähnliche Materialien als Wandverkleidungen benutzt. Alle Installationsmaterialien, die in diesem Bereich eingesetzt werden, müssen deshalb das Symbol »H« für hohlwandgeeignet tragen.

**Getrennte Leitungsführung**

Bevor man mit dem Verlegen von Leitungen beginnt, müssen genaue Unterlagen über die Art und den Aufstellungsort von elektrischen Geräten vorliegen. Der Leitungsweg ist beim Verlegen unter Putz so zu wählen, daß die Leitungen senkrecht oder waagrecht, jedoch nie diagonal in der Wand liegen (Abb. 15). Nur an und in Decken dürfen sie auf kürzestem Weg verlaufen.

Die Leitungen müssen bei senkrechter Leitungsführung etwa 15 cm von der Tür-, Fensterkante oder Ecke verlegt werden. Bei waagrechter Leitungsführung beträgt die Entfernung von der Decke oder vom Fußboden 30 cm. Schalterdosen liegen auf Türklinkenhöhe (1,05 m).

**Abstände von Raumkanten**

*Abb. 15:*
*Elektrische Leitun-*
*gen werden in hierfür*
*vorgeschriebenen*
*Installationszonen*
*verlegt.*

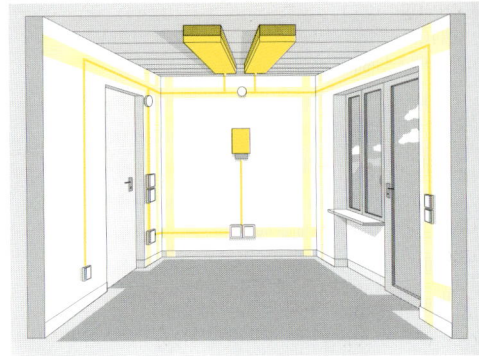

Von Rohrleitungen ist ein genügend großer Abstand zu halten, damit die Leitungen keinen Schaden nehmen und die elektrische Sicherheit gewährleistet bleibt.

Stemmarbeiten, gefräste Schlitze und Aussparungen (je Schlitz und Wanddurchführung 3 cm x 3 cm) sind nur soweit zulässig, als dadurch die Standfestigkeit der Wände nicht beeinträchtigt wird.

**Keine Stegleitungen auf Holz**

Zwei- bis fünfpolige Stegleitungen zur Verlegung in trockenen Räumen müssen in ihrem gesamten Verlauf von Putz bedeckt sein. Stegleitungen dürfen auf keinen Fall einbetoniert oder in Hohlwänden oder Kabelkanälen verlegt werden. Nicht zulässig ist ferner das Verlegen von Stegleitungen auf brennbaren Bauteilen (Holz), in Holzhäusern, in landwirtschaftlich genutzten Räumen, auf Drahtgewebe oder Streckmetallen.

Stegleitungen dürfen nur mit solchen Mitteln befestigt werden, die eine Formänderung oder Beschädigung der Isolationshülle ausschließen.

Feuchtraumleitungen (z.B. NYM) dürfen über, auf, in oder unter Putz verlegt werden, jedoch nicht im Erdreich. Der Biegeradius von NYM-

Leitungen sollte nach VDE 0292, Teil 3 den vierfachen Außendurchmesser nicht unterschreiten.

Installationsrohre werden nach VDE 0605 in verschiedene Klassen eingeteilt. Für die Verlegung auf Putz sind nur Rohre mit der Kennzeichnung »A« und flammwidrige Rohre mit der Kennzeichnung »C« zugelassen. In Stampf- und Schüttelbeton sind nur Rohre mit der Kennzeichnung »AS« erlaubt. Flexible Isolierstoffrohre mit der Kennzeichnung »ACF« werden überwiegend bei der Unterputzinstallation verwendet. Durch die Verwendung von Installationsrohren ist auch eine spätere Änderung der Verdrahtung möglich.

Aus Sicherheitsgründen müssen alle Metallgehäuse, Metallkörper, leitfähige Rohrleitungen und eventuell Gebäudeteile auf gleichem Potential liegen. Man erreicht dies durch Potenti-

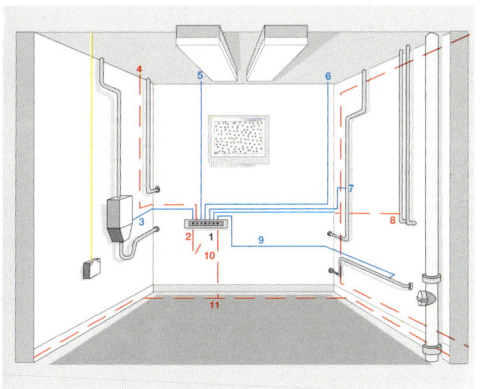

alausgleichsleitungen, die im Hausanschlußraum auf einer Potentialausgleichsschiene zusammengeführt sind. Diese ist wiederum mit dem Fundamenterder verbunden (Abb. 16).

*Abb. 16:*
*Fundamenterder und*
*Potentialausgleich*
*1  Potentialaus-*
*   gleichsschiene für*
*   den Hauptpoten-*
*   tialausgleich*
*2  Verbindung mit*
*   gegebenenfalls*
*   getrennt vorhan-*
*   denem Blitz-*
*   schutzerder*
*3  Verbindung mit*
*   PEN-Leiter bei*
*   Schutzmaßnah-*
*   men im TN-Netz*
*4  Verbindung mit*
*   Schutzleiter PE*
*   bei Schutzmaß-*
*   nahme im TT-Netz*
*5  Verbindung mit*
*   Fernmeldeanlage*
*6  Verbindung mit*
*   Antennenanlage*
*7  Verbindung mit*
*   Gasinnenleitun-*
*   gen (nach dem*
*   Isolierstück)*
*8  Verbindung mit*
*   Heizungsrohren*
*   (Vor- und Rück-*
*   lauf)*
*9  Verbindung mit*
*   Wasserver-*
*   brauchsleitungen*
*10 Anschlußfahne*
*11 Fundamenterder*

Ein zusätzlicher Potentialausgleich wird in besonders gefährdeten Räumen gefordert. Dies gilt für Räume mit Badewannen und Duschen, in denen metallene Teile wie z.B. Rohrleitungen oder Abflußstutzen durch eine Potentialausgleichsleitung von mindestens 4 mm$^2$ zu verbinden sind.

**Fundamenterder**

Fundamenterder nach VDE 0100 Teil 540 werden heute generell gefordert, da die früher verwendeten Metallwasserrohre fast vollständig durch Kunststoffwasserleitungen ersetzt worden sind. Es wird ein verzinkter Bandstahl mit einem Querschnitt von 30 x 3,5 mm$^2$ oder auch Rundmaterial mit einem Durchmesser von 10 mm als geschlossener Ring in das Gebäudefundament eingebracht. Der Beton sollte den Fundamenterder mindestens 10 cm hoch bedecken.

Für den Bereich Fernmelde-, Signal- und Sprechanlagen werden meist mehradrige Kabel mit einem Aderndurchmesser von 0,6 bis 0,8 mm verlegt. Die Adern sind farblich gekennzeichnet. Die Kabel sind sowohl in trockenen als auch feuchten Räumen zugelassen und können offen oder im Rohr eingesetzt werden. Die Spannungen und Ströme sind auch im Fehlerfall ungefährlich für den Menschen.

**Antennenanlagen**

In Antennenanlagen dürfen nur Bauelemente wie Verstärker, Umsetzer, Abzweiger und End- oder Durchgangsdosen eingesetzt werden, die von der Telekom zugelassen sind. Sie tragen das BZT-Zeichen. Antennenleitungen in Neubauten sind nach Möglichkeit unter oder im Putz zu verlegen. Antennenkabel dürfen in einem Kabelschacht mit Starkstromleitungen zusammen verlegt werden, wobei jedoch ein Mindestabstand von 10 mm eingehalten werden sollte. Als Leitung für die Installation ist ein 75-Ohm-Koaxialkabel zu verwenden.

# Die Verteiler

### Bauformen

Unter Bauformen versteht man die Art und Weise, wie eine elektrische Verteilung aufgebaut ist. Die früher oft benutzte Gerüst- oder Tafelbauweise mit nur einer Bedienfront gegen direktes Berühren aktiver Teile von vorne ist heute durch Schrank- und Gehäusebauformen abgelöst. Um einen Überblick zu geben, sind im folgenden typische Kenndaten und Normen für die verschiedenen Verteilertypen aufgeführt (Abb. 17, 18, 19). Besondere Bedeutung haben dabei Schutzart und Schutzklasse, die in Abbildung 20 erläutert sind.

*Abb. 17 (links): Kleinverteiler in allen Lastschwerpunkten des Hauses reduzieren den Verkabelungsaufwand. Abb. 18 (rechts): Der Zählerplatz ist das Herzstück jeder Elektroverteilung.*

*Kleinverteiler*
Stromstärke: bis 63 A
Schutzart: IP 30, 31, 54
DIN-Norm: 43871
Montageart: auf/unter Putz

*Wand- und Zählerverteiler*
Stromstärke: bis 400 A
Schutzart: IP 31, 43, 54
Schutzklasse: 1 oder 2
DIN-Norm: 43870
Montageart: auf/unter Putz
Einbautiefe [mm]: 140, 205, 218, 275

Durch Sockelleisten, Unterschränke oder Auf-
satzgehäuse können Kombinationen je nach
Kundenwunsch aufgebaut werden. Die Gehäuse haben gewöhnlich eine Tür an der Vor-
derseite.

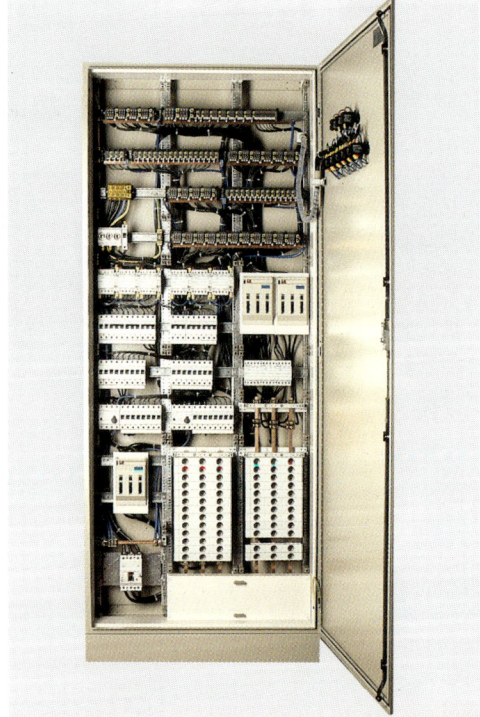

*Abb. 19:*
*Große Verteilungen*
*werden als Schrank-*
*und Standverteiler*
*ausgeführt.*

*Schrank- und Standverteiler*
Schutzart: IP 54 mit Tür
Schutzklasse: 1 oder 2
DIN-Norm für
Rastergrundmaß: 43660
Teilungsmaß: 41488
Zählerteilungsmaß: 43870
Einbautiefe [mm]: 275, 300, 375, 425, 600

Mantelschränke werden als Einzelanlagen eingesetzt. Bei Reihenschaltschränken können
Rück- und Seitenwände nach Bedarf montiert
oder demontiert werden.

*Abb. 20:*
*Die Verteilergehäuse*
*entsprechen festge-*
*legten Schutzarten*
*und Schutzklassen*
*nach DIN 40050.*

| IP43B | IP43B |
|---|---|
| Erste Kennziffer | Zweite Kennziffer |
| Schutzgrade gegen Berühren und Eindringen von Fremdkörpern | Schutzgrade gegen Eindringen von Wasser |
| **0** Kein Schutz | **0** Kein Schutz |
| **1** Schutz gegen große Fremdkörper > 50 mm | **1** Schutz gegen senkrecht fallendes Tropfwasser |
| **2** Schutz gegen mittelgroße Fremdkörper >12 mm | **2** Schutz gegen schräg fallendes Tropfwasser (15°) |
| **3** Schutz gegen kleine Fremdkörper > 2,5 mm | **3** Schutz gegen Sprühwasser (Winkel bis 60°) |
| **4** Schutz gegen kornförmige Fremdkörper > 1mm | **4** Schutz gegen Strahlwasser (aus allen Richtungen) |
| **5** Schutz gegen schädliche Staubablagerung | **5** Schutz gegen Überflutung |
| **6** Schutz gegen Staubeintritt (staubdicht) | **6** Schutz beim Eintauchen |

**Ausbausysteme**
Kleinverteiler sind bereits für die Aufnahme
von Reiheneinbaugeräten vorbereitet. Alle han-
delsüblichen Sicherungs-, Schalt-, Melde- und
Signalgeräte werden einfach in die Hutprofil-
schiene eingesetzt. Man benötigt also keine
Innenausbausysteme.

Für Wand- und Standverteiler bieten die Hersteller Ausbausysteme aus verschiedenen Ma-

*Abb. 21:*
*Für den Innenausbau*
*von Wand- und*
*Standverteilern gibt*
*es Ausbausysteme*
*mit genormten*
*Achsenabständen.*

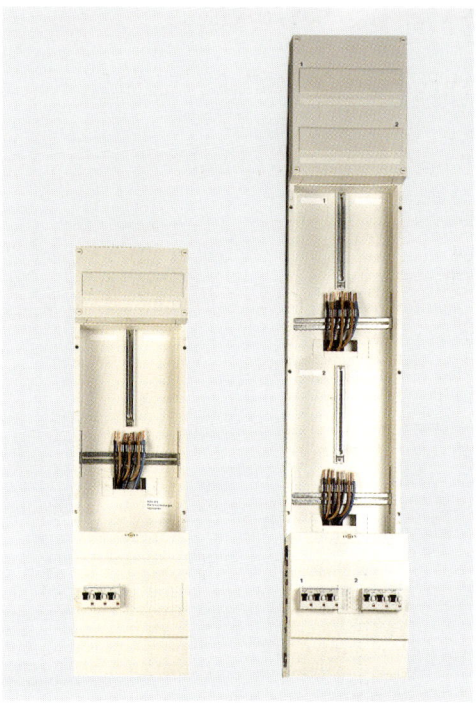

terialien und mit unterschiedlichen Achsen-abständen an (Abb. 21).

Auch bei diesen Ausbausystemen können die Reiheneinbaugeräte einfach in die Hutprofil-schiene eingesetzt werden. Diese Ausbausy-steme bieten dem Errichter einer Schaltanlage darüber hinaus die Möglichkeit, typgeprüfte Sammelschienenträger bis 1250 A einzusetzen oder Leistungsschalter und Trenner auf vorge-fertigten Blechplatten zu montieren.

# Die busfähige Elektroverteilung

## Gebäudesystemtechnik

Die klassische Elektroverteilung, die die Energie sicher verteilt und einfache Steuerungen erlaubt, hat einen entscheidenden Nachteil: Sie kann nur mit großem Aufwand nachträglich geändert werden. Änderungen bedingen meist das Verlegen neuer Leitungen.

Die Erfahrung zeigt, daß innerhalb der Nutzungszeit eines Gebäudes – und diese übertrifft nicht selten 100 Jahre – die Elektroinstallation mehrfach geändert wird. Besonders häufig passiert dies in gewerblich genutzten Gebäuden wie Bürohäusern.

Eines der Hauptziele der busfähigen Elektroverteilung liegt darin, die Flexibilität zu verbessern. Hierzu gab es in der Vergangenheit verschiedene Konzepte. Ihr gemeinsames Merkmal war die Trennung der reinen Energie-Verteilfunktion von der Steuerfunktion. Jede Bedienstelle und jeder zu schaltende Energieauslaß erhielt eine eigene Steuerelektronik. Die Steuerelektroniken mußten nun untereinander kommunizieren. Die Kommunikation erfolgte entweder drahtlos, über Infrarot, über die Starkstromleitungen selbst oder über eine zusätzliche Steuerleitung – den Bus (Abb. 22). Alle Verfahren brachten den gewünschten Vorteil der höheren Flexibilität, die darin bestand, daß Änderungen nur den Steuerelektroniken mitzuteilen waren. Neue Leitungen brauchten in der Regel nicht verlegt zu werden.

**Verbesserung der Flexibilität**

In der modernsten Form, dem Europäischen Installationsbus (EIB), gelingt es, den Verdrahtungsaufwand gegenüber einer vergleichbaren

**Der Europäische Installationsbus**

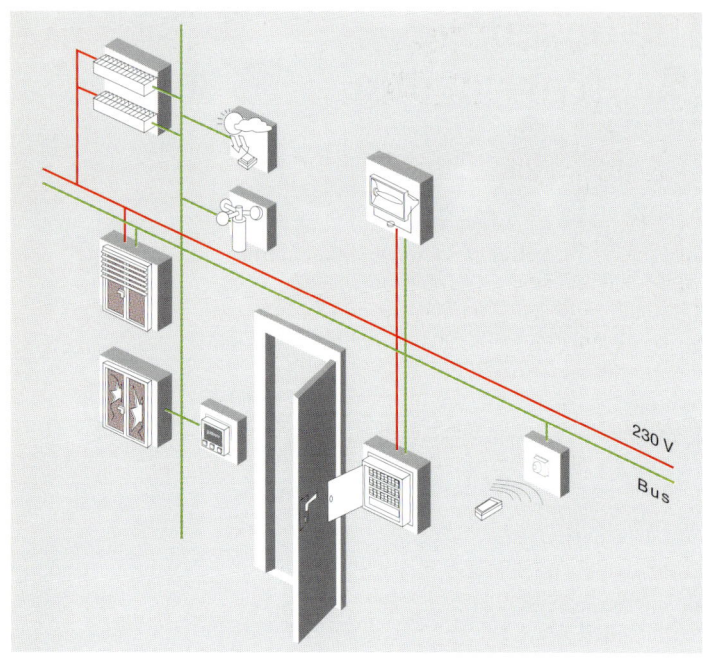

230 V

Bus

klassischen Elektroverteilung um bis zu 40%
zu reduzieren. 40% weniger Kabel, weniger
Verlegekosten, weniger Kabeltrassen, weniger
Brandgefahr bedeuten eine kleine Revolution
in der Elektroinstallation.

Im Prinzip erlaubt der Bus, jeden schaltbaren
Verbraucher von jeder beliebigen Stelle aus zu
steuern. Am Beispiel der Beleuchtung läßt sich
dies am besten erläutern. Eine einzelne Lampe
oder eine Gruppe von Lampen kann von verschiedenen Tastern im Raum geschaltet und
gedimmt werden; sie kann auch in Abhängigkeit von der Außenhelligkeit geregelt oder von
einem Bewegungsmelder bzw. einer Zeitschaltuhr aktiviert werden. Diese variablen Schalt-
möglichkeiten lassen sich auch auf die Jalou-

siensteuerung, die Heizung, die Sicherheitsüberwachung und die Infrarot-Bedienung übertragen. Sogar die Kombination verschiedener Anwendungen stellt kein Problem dar. Ein solches System bietet hohen Bedienkomfort sowie gewaltige Automatisierungsmöglichkeiten, die bei weitem die einer klassischen Installation übersteigen.

**Variable Schaltungsmöglichkeiten**

Der größte Vorteil liegt aber zweifellos darin, daß jederzeit jede Lampengruppe und jede Zuordnung zu den Bedienelementen geändert werden kann, ohne eine einzige Leitung umzuverdrahten.

Die busfähige Elektroverteilung besteht aus dem klassischen Energieverteilungssystem, wie wir es im Abschnitt »Die Elektroinstallation« kennengelernt haben, und dem Busteil, auf den wir im folgenden näher eingehen werden. Sie ist die logische Weiterentwicklung der bewährten Technik, denn sie erweitert deren Möglichkeiten erheblich. Ab einem bestimmten Bauvolumen und ab einer bestimmten Komfortstufe stellt sie bereits heute eine wirtschaftlich interessante Alternative zur klassischen Technik dar. Sie wird in wenigen Jahren die Standardinstallation in allen gewerblichen und privat genutzten Gebäuden sein.

Ihr Prinzip beruht, wie bereits erwähnt, auf der Trennung von Energieverteilung und Steuerung. So läßt sich insbesondere die Steuerung leichter optimieren. An die Stelle der intelligenten Bedienelemente und Verbraucher treten Sensoren und Aktoren und, für übergreifende Funktionen, Controller.

**Optimierung der Steuerung**

Sensoren (Abb. 23) nehmen Signale von außen auf und melden diese an das Kommunikationssystem. Ein Tastsensor kann beispielsweise die Schalt- oder Dimmabsicht erkennen, ein Temperatursensor kann die Raumtemperatur mes-

*Abb. 23:*
*Sensoren nehmen*
*Signale von außen*
*auf; sie wirken im*
*Bussystem steuernd*
*und regelnd.*

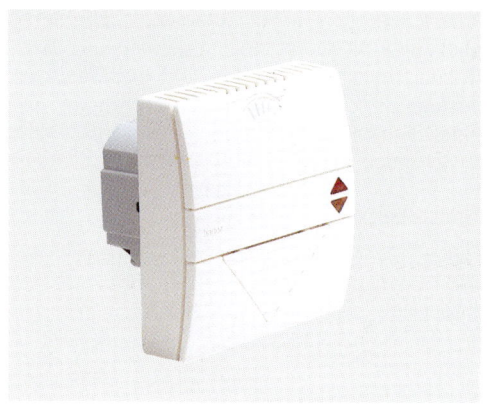

sen, aufgrund derer ein Temperaturregler Stellsignale erzeugen kann.

Aktoren (Abb. 24) sprechen die Verbraucher
an; sie empfangen Signale über das Bussystem
und führen diese aus. Ein Schalt-Dimm-Aktor
kann eine Lampe schalten und dimmen, ein
Heizaktor kann ein Ventil verstellen.

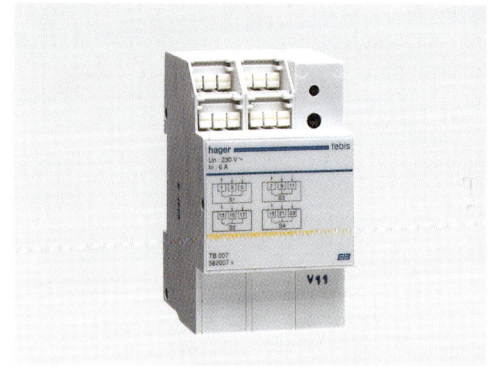

*Abb. 24.*
*Aktoren geben*
*Schalt- und Stell-*
*signale an elektrische*
*Verbraucher.*

Controller (Abb. 25) verknüpfen Signale und
veranlassen Aktionen. Ein Zeitcontroller steuert Aktoren nach Zeitplan. Ein Lastmanagementcontroller überwacht die Gesamtleistung

und kann Verbraucher so ab- und zuschalten, daß eine maximale Leistung nicht überschritten wird. Ein Kommunikationscontroller tauscht Daten zwischen dem Bussystem und einem intelligenten Fremdsystem aus; er arbeitet quasi als Dolmetscher.

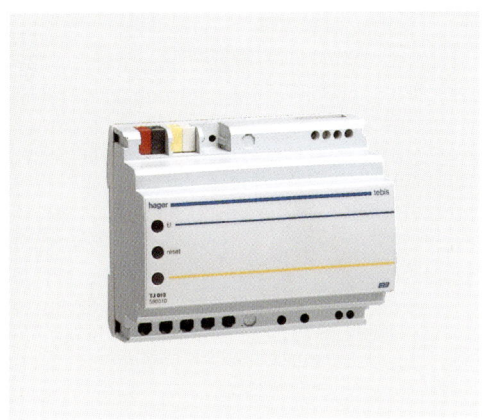

*Abb. 25:
Controller verknüp-
fen Bussignale; sie
dienen der system-
übergreifenden Steu-
erung, Regelung und
Optimierung.*

Sensoren, Aktoren und Controller kommunizieren über ein Bussystem. Dieses besteht aus einer Datenleitung – im einfachen Fall einer Zweidrahtleitung – und Kommunikationsgeräten, z.B. Verstärkern und Linienkopplern. Ein Bussystem legt aber auch die Kommunikationsspielregeln fest, nach denen die Busteilnehmer ihre Nachrichten untereinander austauschen.

Ein Bussystem kennt neben den oben beschriebenen Betriebsfunktionen auch Servicefunktionen und -geräte. Sie dienen der Einrichtung, der Änderung und dem Test der Kommunikation. Das wichtigste Servicegerät ist der PC mit der entsprechenden Projektierungs-, Inbetriebnahme- und Testsoftware. Die Änderungsfreundlichkeit eines Kommunikationssystems hängt ganz wesentlich von seinen Serviceeigenschaften ab.

**Wichtigstes
Servicegerät PC**

**Kommunikation**

Da die Kommunikation die wichtigste Aufgabe der busfähigen Elektroverteilung darstellt, wollen wir etwas genauer darauf eingehen. Es gibt unzählige unterschiedliche Kommunikationsaufgaben und ebenso viele Kommunikationssysteme. Im folgenden werden die wichtigsten Anforderungen an die Gebäudesystemtechnik (GST) aufgezeigt, und es wird dargelegt, welche Systeme sich durchgesetzt haben.

**Schnelligkeit**

- Die GST muß die Informationen sehr schnell weiterleiten können, so daß der Bediener die Zeitverzögerung zwischen Eingabe und Aktion nicht wahrnimmt. Dies muß auch für den ungünstigen Fall gelten, in dem viele Bedienungen und Aktionen gleichzeitig ausgelöst werden.

- Die GST-Komponenten müssen einfach, robust und preisgünstig sein, da sie in großer Stückzahl in die Verteilung eingebaut werden.

- Die GST sollte so weit genormt (offen) sein, daß die busfähigen Geräte möglichst vieler namhafter Hersteller damit kompatibel sind.

- Die GST muß ausfallsicher, störunempfindlich und langlebig sein.

**Standard-anwendungen**

- Die GST muß nicht alle denkbaren Automatisierungsaufgaben lösen, sondern die Standardanwendungen im Gebäude möglichst gut und preisgünstig abdecken. Sie sollte also auf einige wenige Anwendungen hin optimiert sein.

- Die GST sollte in kleinen, einfachen Gebäuden ebenso einsetzbar sein wie in großen, technisch aufwendigen.

- Die GST sollte modular aufgebaut sein, so daß sie jederzeit erweitert und geändert werden kann.

● Die GST muß vom Elektrohandwerk ebenso einfach beherrscht werden wie die klassische Technik.

Diese Anforderungen werden heute am ehesten vom Europäischen Installationsbus (EIB) erfüllt. Auf die technischen Eigenschaften dieses Systems wird später eingegangen.

Andere Systeme mögen gegenüber dem EIB einzelne Vorteile haben, sie können aber dafür wichtige andere Eigenschaften nicht erfüllen. Powerline-Systeme, die das Starkstromnetz auch zur Signalübertragung nutzen, oder Infrarotsysteme arbeiten nicht so störsicher, nicht so schnell, sind nicht so ausfallsicher und weniger ausbaufähig. Darüber hinaus decken sie auch nur einen Teil der Anwendungen ab. Beide sind dennoch interessant als Ergänzung zum Installationsbus.

Alternative Systeme kommen aus dem Bereich der Gebäudeautomation (GA), der Gebäudeleittechnik (GLT) und der Sicherheitstechnik. Hauptanwendungen der GA sind die Steuerung, Regelung und Optimierung von Heizungs-, Lüftungs-, Klima- und Sanitäranlagen. Hauptkomponente ist die speicherprogrammierbare Steuerung (SPS), die auch kommunikationsfähig ist. Die GA hat ihren Einsatzschwerpunkt dort, wo komplexe Einzelanlagen individuell automatisiert werden.

**Alternative Systeme**

Die Hauptaufgabe der GLT liegt in der zentralen Überwachung und Bedienung der gesamten Gebäudetechnik; Hauptkomponente ist der Prozeßrechner. Die GLT wird vor allem in großen Gebäudekomplexen eingesetzt. Sie bietet eine unglaubliche Fülle von Funktionen und kann den Kundenwünschen optimal angepaßt werden.

**Gebäudeleittechnik**

Es ist heute durchaus üblich, daß GA- und GLT-Systeme für Aufgaben der GST eingesetzt werden, allerdings mit dem Nachteil eines schlech-

**Systeme
ergänzen sich**

ten Preis-Leistungs-Verhältnisses. Das gleiche gilt umgekehrt, wenn die GST versucht, mit ihren Mitteln Aufgaben der GA- und GLT-Systeme zu lösen. Das wirtschaftliche Optimum liegt häufig in der Ergänzung beider Systeme. Technisch können solche Systeme über standardisierte Kommunikationscontroller oder über Gateways miteinander kombiniert werden.

Sicherheitssysteme, (Brandmelde-, Einbruchmelde- und Zugangskontrollsysteme) kommen heute in vielen öffentlichen Gebäuden vor. Sie stellen zusätzliche Anforderungen an die Kommunikation und zeichnen sich durch spezielle Arbeitsweisen aus, die nur in vereinfachter Form von den GA-, GLT- und GST-Systemen erfüllt werden können. Sie werden üblicherweise über Gateways mit diesen Systemen gekoppelt.

## Anwendungen und Nutzen

### Beleuchtung
Wichtigste GST-Anwendung ist die Beleuchtung (Abb. 26). Neben der klassischen Glühfa-

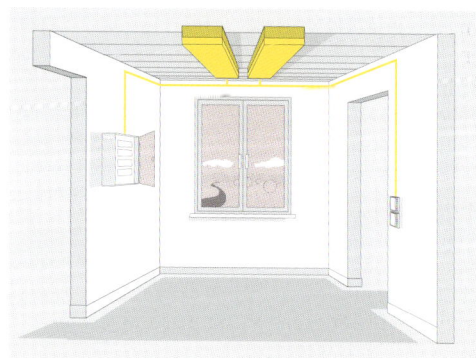

*Abb. 26:
Die Gebäudesystemtechnik am Beispiel der Beleuchtungssteuerung*

denlampe gibt es heute Leuchtstoff-, Halogen-
und Energiesparlampen mit integrierter Elektronik. Eingesetzt werden aber auch spezielle
Systeme, die beispielsweise mit Laser- oder
Halbleiterelementen oder durch chemische Re-
aktion Licht erzeugen. Zu dieser Vielfalt von
Lichtquellen kommt eine unübersehbare Vielfalt von Beleuchtungsarten. Licht wird gebün-
delt, gestreut, in seine Spektralfarben zerlegt,
polarisiert, direkt oder indirekt angewandt. Die
busfähige Elektroverteilung hat die schwierige
Aufgabe, alle Beleuchtungssysteme zu unterstützen, zu schalten, zu dimmen, Licht-
szenarien zu speichern und wieder abzurufen.

**Lichtquellen
und Beleuch-
tungsarten**

Sie hat darüber hinaus die Aufgabe, die Bedienung für den Benutzer möglichst einfach und
komfortabel zu machen. Dieser will, daß auf
Tastendruck – je nach gewünschter Stimmung
und Erfordernis – der ganze Raum hell oder
gedämpft ausgeleuchtet ist oder gezielt Licht-
punkte gesetzt werden. Er will die Beleuchtung
von verschiedenen Stellen oder sogar ortsunab-
hängig über Infrarotsignale steuern. Er will
Licht automatisch über Bewegungsmelder
schalten und die Lichtstärken in Abhängigkeit
von der Tageszeit und der Tageshelligkeit regeln.

**Steuerung der
Beleuchtung**

Unsere komfortable Beleuchtung verbraucht
eine Menge elektrische Energie. Ziel der busfähigen Elektroverteilung ist es auch, Licht automatisch so zu schalten und zu regeln, daß ohne
Komforteinbuße Energiekosten eingespart werden.

Mit den wachsenden Wünschen nach Automatisierung, Komfort, Flexibilität und Energieeinsparung werden schnell die Grenzen der klassischen Technik errreicht. Somit kommen nur
spezielle Steuerungssysteme oder eine univer-
selle GST in Frage.

### Jalousien

Unsere moderne Architektur verwendet viel Beton und Glas. Außen- oder innenliegende Jalousien regulieren häufig die Einstrahlung von Sonnenlicht. Zuviel Sonnenlicht führt zu einer unerwünschten Erwärmung des Raumes und stört darüber hinaus bei der Bildschirmarbeit.

*Abb. 27:*
*Die Gebäudesystem-*
*technik am Beispiel*
*der Rolladen- und*
*Jalousiensteuerung*

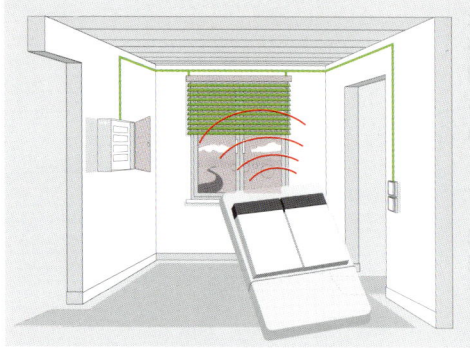

Rolläden und Rolltore werden beispielsweise aus Sicherheitsgründen geschlossen.

Ganze Gebäudefronten werden mit motorisch betriebenen Jalousien und Rolläden ausgestattet. Wenn man schon viel Geld für die Ausrüstung investiert, lohnt sich auch ein wenig Mehraufwand für die Steuerung. Nur dann ist der Nutzen langfristig gewährleistet.

**Individuelle Jalousiensteuerung**

Jalousien sollten einzeln und individuell bedienbar sein (Abb. 27). Nichts ist störender, als wenn eine zentrale Automatik alle Jalousien bei jedem Sonnenstrahl, bei jeder kleinen Wolke, bei jedem kleinen Lufthauch hoch- und herunterfährt. Damit sind nicht zuletzt Energieverschwendung und mechanische Abnutzung verbunden.

Jalousien können zentral und gemeinsam hoch- oder heruntergefahren werden, beispielsweise vom Hausmeister, wenn dies für die Mehrzahl der Gebäudebenutzer sinnvoll und wünschenswert ist. Sie müssen hochgefahren und gesperrt werden, wenn zu starker Wind sie beschädigen oder abreißen könnte.

Eine Wirtschaftlichkeitsrechnung zeigt, daß schon bei einer geringen Anzahl von Jalousien eine Buslösung Vorteile gegenüber einer klassischen Steuerung hat. Dies hat seinen Grund in der individuellen Bedienbarkeit, der dezentralen und zentralen Steuerung sowie der zentralen Sicherheitsfunktion. In vielen Fällen gibt daher die Jalousiensteuerung den Ausschlag für den Einsatz der GST.

## Temperaturregelung

Bekanntlich hat die Raumtemparatur großen Einfluß auf Wohlbefinden und Arbeitskraft des Menschen. Natürlich ist das Wärmebedürfnis von Person zu Person unterschiedlich, es ist zeit- und situationsabhängig. Deshalb kann eine zentral gesteuerte und geregelte Heizungs-, Klima- oder Lüftungsanlage immer nur näherungsweise die gewünschte Raumtemperatur einstellen.

Der weitaus größte Energieanteil im Gebäude wird für die Raumwärme bzw. für das Raumklima aufgewendet. Daher ist der Anreiz der Energieeinsparung hier besonders groß. Bauliche Maßnahmen, welche die Wärmeisolierung und Wärmespeicherung verbessern, kosten sehr viel Geld. Sie sind daher nur bis zu einem gewissen Grad wirtschaftlich sinnvoll. Die zentrale Energieerzeugung ist grundsätzlich wirtschaftlicher als die dezentrale. Daher haben sich in Deutschland Zentralheizungen sowie zentrale Klima- und Lüftungsanlagen in Gebäuden durchgesetzt, die heute mit sehr gutem Wirkungsgrad arbeiten.

**Energie-einsparung**

*Abb. 28:*
*Die Gebäudesystem-*
*technik am Beispiel*
*der Heizungssteue-*
*rung (Einzelraum-*
*regelung)*

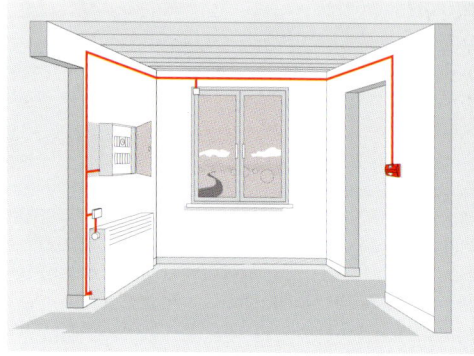

**Sekundäre
Raumregelungs-
systeme**

Will man die Wirtschaftlichkeit und den individuellen Raumkomfort optimal nutzen, so empfiehlt es sich, heute *sekundäre Raumregelungssysteme* einzusetzen (Abb. 28). Sie messen die Raumtemperatur, berücksichtigen die Raumbelegung, offene Fenster und Türen, das individuelle Wärmebedürfnis (Sollwertverstellung) und wirken direkt auf die Heizkörper und Luftklappen. Sie können Raum für Raum oder Etage für Etage individuell nach Zeitplan auf Komfortstufe oder Sparstufe regeln, und sie lassen natürlich Ausnahmen für einzelne Räume zu.

**Hohe
Investitions-
kosten**

Sekundäre Raumregelungssysteme gibt es seit Jahren. Die Investitionskosten sind hoch, so daß sich bei relativ niedrigen Energiekosten die Wirtschaftlichkeit erst nach vieljährigem Betrieb ergibt.

Die Investitionskosten für eine GST werden aufgrund verbesserter technischer Möglichkeiten, durch große Stückzahlen und durch die einfache Installation über das Handwerk in Zukunft deutlich sinken. Auch wird die Energie- und Umweltpolitik die rasche Verbreitung dieser Anwendung begünstigen.

## Infrarot-Bedienung

Die Infrarot(IR)-Bedienung von Fernsehgeräten, Videorekordern, Stereoanlagen und Garagentoren ist heute eine Selbstverständlichkeit. Es ist naheliegend, diese Technik auch für Beleuchtung, Jalousie, Heizung und allgemeine Steuerungen einzusetzen. Insbesondere Krankenhauspatienten oder Menschen mit Bewegungseinschränkungen schätzen diesen Komfort.

Die einfache IR-Bedienung ist auf den Nahbereich, den Raum, begrenzt. Die Kombination aus Bus- und IR-Technik hebt diese Beschränkung auf. Handsender und pro Raum ein IR-Empfänger, der mit dem Bus verbunden ist, ermöglichen die drahtlose Übertragung der Signale im gesamten Gebäude und sogar außer Haus.

**Drahtlose Signalübertragung**

Mit Hilfe eines IR-Handsenders wäre ein Rollstuhlfahrer in der Lage, von beliebiger Stelle aus Hilfe herbeizurufen oder Schalthandlungen durchzuführen, die sonst für ihn sehr beschwerlich sind.

Die IR-Technik in Verbindung mit der Bustechnik ist die Grundlage komfortabler, ortsunabhängiger Bedienung vieler Gebäudefunktionen. Im Prinzip stellt die digitale Funktechnik eine Alternative zur IR-Technik dar. Sie ist jedoch in der Regel teurer und störanfälliger und verwendet aufgrund ihres höheren Energiebedarfs schwerere Handsender. Sie hat ihre Berechtigung im Bereich der Sprachkommunikation.

**Digitale Funktechnik teurer**

## Gebäudemanagementfunktionen

Wir haben gesehen, daß in einer busfähigen Elektroverteilung die Grundfunktionen völlig dezentral auf die Sensoren und Aktoren verteilt sind. Sie sind sozusagen Bestandteil des Kommunikationssystems.

Darüber hinaus gibt es Funktionen, die system-übergreifend wirken. Sie werden üblicherweise in Funktionscontrollern abgewickelt. Ein *Funktionscontroller* ist nichts anderes als ein intelligenter Busteilnehmer. Er empfängt bestimmte Informationen (z.B. Meßwerte) vom Kommunikationsnetz, verknüpft diese miteinander und sendet seinerseits Informationen aus (z.B. Schaltbefehle). Häufig sind Datum und Zeit zusätzliche Verknüpfungsinformationen.

Die unterschiedlichen Aufgaben des Funktionscontrollers werden auch als *Managementfunktionen* bezeichnet.

**Reaktions-management**
Eines der einfachsten Beispiele für eine Managementfunktion ist das Reaktionsmanagement. Es definiert Reaktionen auf ein Ereignis. Das Ereignis könnte beispielsweise ein Feueralarm sein, der von einem Rauchmelder, Handmelder oder von Feuerschutzklappen in der Lüftungsanlage erkannt und über Sensoren gemeldet wird. Der Controller leitet eine Reihe von Reaktionen ein: Er löst den Alarm aus, schaltet die zugehörigen Lüftungsanlagen auf Entrauchung, fährt die Aufzüge in die Ruhestellung und schaltet Gebäudeabschnitte auf Notbeleuchtung. Bei Entwarnung macht er die Aktionen rückgängig. Manche Reaktionen laufen stets gleich ab, andere müssen in Abhängigkeit von Gebäudezuständen und Tageszeiten unterschiedlich sein.

Im Gesamtgebäude können natürlich viele Ereignisse auftreten, die ein entsprechendes Reaktionsmanagement benötigen. Die Reaktionen können von einem oder mehreren Controllern verarbeitet werden.

In der klassischen Technik müßte man alle Ereignissignale und alle schaltbaren Verbraucher zu einem zentralen Schaltschrank leiten und sie dort über Relais oder über eine SPS miteinander verknüpfen – eine sehr aufwendige Technik, die noch aufwendiger wird, wenn man Analogwerte sowie Datum und Uhrzeiten berücksichtigen will.

Erst die Bustechnik löst solche Automatikfunktionen wirklich elegant. Sie benötigt keine zentrale, starre und aufwendige Verdrahtung, keine komplizierte Schaltlogik, sondern nur einen Modularcontroller am Bus, kein aufwendiges Programmieren, sondern nur ein einfaches Parametrieren.

**Die elegante Lösung**

Unter *Parametrieren* (Abb. 29) versteht man die Zuordnung der Reaktionen zu den Ereignissen mit Hilfe eines PC. Bei den Elementaranwendungen bedeutet Parametrieren beispielsweise das Zuweisen von Bedieneingaben zu den zu schaltenden Lampengruppen. Im einen Fall werden die Zuweisungen in einen Controller geladen, im anderen Fall in die Sensoren und Aktoren.

*Abb. 29:*
*Alle Funktionen des Bussystems können bequem am PC parametriert (eingerichtet und geändert) werden.*

Eine der wichtigsten Managementfunktionen ist das Lastmanagement. Hier hat der Funktionscontroller die Aufgabe, Energiekosten einzusparen. Das EVU gewährt Kunden, die sich verpflichten, Verbrauchsspitzen zu vermeiden, einen wesentlich günstigeren Tarif. Der Controller beobachtet den Gesamtverbrauch und extrapoliert seinen wahrscheinlichen weiteren Verlauf. Falls eine Verbrauchsspitze droht, schaltet er Verbraucher ab und, sobald wieder genügend Energie zur Verfügung steht, wieder zu. Die Entscheidungslogik berücksichtigt die unterschiedliche Priorität der Verbraucher und zahlreiche, individuell einstellbare Randbedingungen.

**Maximums-
wächter**

In klassischen Steuerungssystemen übernimmt ein Maximumswächter oder eine SPS diese Aufgabe. Zu diesem Gerät werden alle Signale geleitet, und die Logik wird individuell programmiert. Der Lastmanagementcontroller dagegen wird einfach mit dem Bus verbunden. An die Stelle einer aufwendigen Programmierung tritt eine einfache Parametrierung.

Eine Lastmanagementfunktion muß für den Nutzer leicht zu ändern sein. Sie muß aber auch

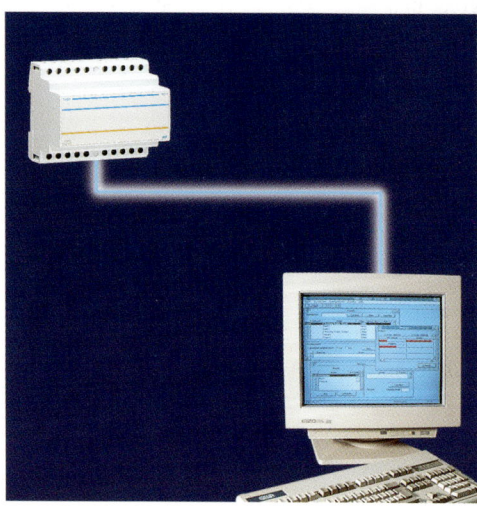

*Abb. 30:
Gebäudemanage-
mentfunktionen
laufen in Controllern
ab; sie werden
komfortabel ange-
zeigt und mit dem
PC bedient.*

sehr sicher arbeiten, da jede Verbrauchsspitze sofort viel Geld kostet. Der Controller im Zusammenspiel mit dem PC bzw. der Leitstelle erfüllt alle diese Kriterien (Abb. 30). Seine Parametrierung ist leicht erlernbar. Beobachtungs- und Diagnosemöglichkeiten erleichtern das Arbeiten.

**Jede Verbrauchsspitze kostet Geld**

Weitere Gebäudemanagementfunktionen sind das

- Zeitmanagement
- Sicherheitsmanagement
- Betriebsdatenmanagement
- Alarmmanagement
- Notstrommanagement
- Heizungsmanagement
- Instandhaltungsmanagement

Gerade die Managementfunktionen machen den hohen Gebrauchswert der busfähigen Elektroverteilung aus. Sie ermöglichen mit wenig Zusatzaufwand einen hohen Automatisierungsgrad und damit Personal-, Energie- und Betriebskosteneinsparungen sowie hohen Komfort und hohe Flexibilität. Die busfähige Elektroverteilung kann darüber hinaus die Gebäudesicherheit und die Verfügbarkeit der betriebstechnischen Anlagen erhöhen sowie die Instandhaltung aller betriebstechnischen Anlagen im Gebäude unterstützen.

**Einsparungen, Komfort und Flexibilität**

### Visualisierung

Der Bus macht es möglich, jede Information aus dem Kommunikationsnetz an jeder Stelle abzurufen. Im einfachsten Fall können ausgewählte Informationen im Klartext auf einem LCD-Display angezeigt werden.

Einen schnellen Situationsüberblick gibt eine Anzeigetafel mit integrierten Signallampen oder Leuchtdioden.

*Abb. 31:*
*Die Visualisierung ist*
*eine PC-Funktion,*
*mit der das gesamte*
*Gebäude zentral*
*überwacht und fern-*
*gesteuert werden*
*kann.*

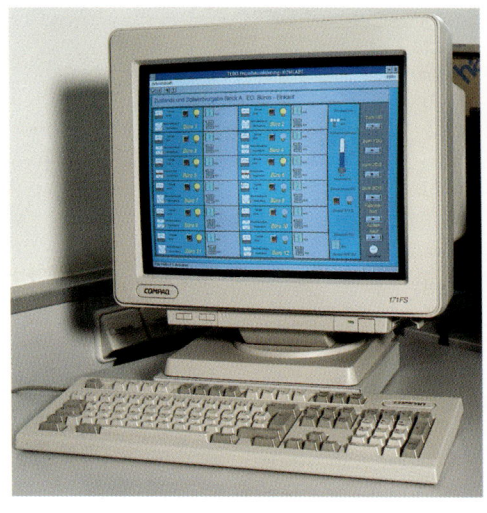

Ein Alarmcontroller kann direkt einen Drucker ansteuern, der wichtige Meldungen ausgibt.

**PC-Leitstelle**

Die vielseitigste Darstellungsmöglichkeit bietet die PC-Leitstelle (Abb. 31). Sie zeigt Gebäudeinformationen übersichtlich mit Hilfe von Anlagebildern, Texten, Tabellen sowie Grafiken an. Über einen angeschlossenen Drucker können wichtige Informationen auf Papier festgehalten werden.

Die PC-Leitstelle erlaubt darüber hinaus die zentrale Bedienung. Von hier können einzelne Schalt- und Steuerbefehle überall im Gebäude ausgeführt werden. Es können aber auch ganze Gruppen von Verbrauchern mit einem Kommando angesteuert oder komplexe Schaltfolgen in Managementcontrollern ausgelöst werden.

Die dritte wichtige Funktion der PC-Leitstelle ist die Kommunikation mit den Controllern. Sie ermöglicht, wie am Beispiel des Lastmanagements dargestellt, die einfache und sichere Beobachtung und Parametrierung dieser Prozesse.

Selbstverständlich enthält eine moderne PC-Leitstelle Schutzfunktionen, die bestimmte Eingriffe nur legitimierten Personen gestatten und unsinnige Bedienungen prüft und zurückweist.

**Fernkommunikation**

Die Fernkommunikation erfolgt über das öffentliche Telefonnetz. Sie gliedert sich in die Funktionen Fernwirktechnik und Fernwartung.

Die *Fernwirktechnik* verfügt über einfache Datenübertragungsfunktionen für technische Informationen. Mit ihr können technische Anlagen fernüberwacht und ferngesteuert werden. Ein besonderer Vorteil der Fernwirktechnik ist die Übertragungssicherheit. Zusätzlich muß im öffentlichen Netz ein Mithören oder gar eine fremde Beeinflussung verhindert werden. Im Wählnetz erfolgt der Verbindungsaufbau so, daß die Übertragungskosten möglichst gering gehalten werden können. **Fernwirken**

Fernwirktechnik und Gebäudesystemtechnik ergänzen sich ideal, da der Bus eine intelligente Kommunikationsschnittstelle von und zur Außenwelt besitzt. In der Regel wird dies ein Kommunikationscontroller sein, der mit Hilfe eines Modems direkt auf das Netz der Telekom geschaltet ist.

Die Fernwirktechnik hilft, die Instandhaltung zu verbessern, Gefahren wie Feuer, Wasser, Einbruch abzuwenden und in vielen Fällen Betriebskosten für Gebäude zu reduzieren.

Fernwartung oder Fernservice bietet die Möglichkeit, das Bussystem selbst auf seine Funktionsfähigkeit zu testen und Parameteränderungen durchzuführen, ohne daß hierzu teures Personal anreisen muß. Mit Hilfe dieser Funktionen kann ein Handwerker dem Kunden einen **Fernwartung** sehr effektiven Wartungsservice anbieten, der im Fehlerfall schnellstmögliche Hilfe garantiert.

# Der Europäische Installationsbus

European Installation Bus
Association  sc  (EIBA)

*Abb. 32:*
*EIB-Logo als*
*geschütztes Waren-*
*zeichen des Europäi-*
*schen Installations-*
*busses*

Der Europäische Installationsbus (EIB) ist die interessanteste Weiterentwicklung auf dem Gebiet der Elektroinstallation in den letzten Jahrzehnten (Abb. 32). Mit seinen Systemeigenschaften wollen wir uns im folgenden beschäftigen.

Der EIB benutzt als Übertragungsmedium die einfache Zweidrahtleitung. Sie kann parallel zur Starkstromleitung verlegt und beliebig verzweigt werden (free topology). Abschlußwiderstände sind nicht erforderlich, ein kompliziertes Einmessen ist nicht nötig. Spezialwerkzeuge werden nicht gebraucht.

Das Bussystem ist nach Linien und Bereichen aufgebaut. Bei Ausfall eines beliebigen Busteilnehmers oder einer Linie funktioniert das übrige System weiterhin. Eine Linie stellt jeweils eine autarke Einheit dar, in welcher der Informationsfluß besonders schnell ist. Informationen können parallel in vielen Linien gleichzeitig verarbeitet werden. Dies wirkt sich günstig auf das Zeitverhalten aus. Trotzdem können große Kommunikationssysteme aufgebaut werden, in denen Informationen über alle Linien und Bereiche ausgetauscht werden.

**Dezentrale Organisation**

Im EIB gibt es keinen Busmaster, der den gesamten Datenverkehr kontrolliert, sondern es liegt eine dezentrale Organisationsstruktur vor. Jeder Busteilnehmer ist gleichberechtigt. Die Buselektronik hat sich – verglichen mit anderen Kommunikationssystemen – als preisgünstig, robust, störunempfindlich und langlebig erwiesen.

Eine Spezialität des EIB ist seine Offenheit und Kompatibilität – einmalig zumindest auf dem Europäischen Markt.

**Struktur des Bussystems**
Das Bussystem ist hierarchisch gegliedert in maximal 15 Bereiche und je Bereich in maximal 12 Linien. Jede Linie kann bis zu 64 Busteilnehmer umfassen (Abb. 33).

Die Elektronik der maximal 64 Busteilnehmer einer Linie wird jeweils von einem Spannungsversorgungsmodul gespeist.

**Linien und Hauptlinien**

Die Linien eines Bereiches sind durch eine Hauptlinie miteinander verbunden. Mehrere Bereiche hängen an einer Bereichs-Hauptlinie. Auch jede Hauptlinie hat ein Spannungsversorgungsmodul, das die angeschlossenen Linien- oder Bereichskoppler und gegebenenfalls auf der Hauptlinie liegende Busteilnehmer versorgt.

Die Linien- und Bereichskoppler organisieren den Datenverkehr, der über die Linien- bzw. Bereichsgrenzen hinweggeht. Abgesehen davon arbeiten die Linien autark und parallel zueinander. Jedem Spannungsversorgungsmodul ist eine Drossel zugeordnet. Sie sorgt dafür, daß die Versorgungsgleichspannung und die Signalwechselspannung über eine gemeinsame Zweidrahtleitung übertragen werden. Außerdem verhindert sie eine ungewollte Beeinflussung der Linien untereinander und formt das Signal so, daß Störungen weitgehend eliminiert werden.

**Beliebig verzweigen**

Innerhalb der Linie darf der Bus beliebig verzweigt werden. Dabei darf die gesamte Linie bis zu 1000 m lang sein, und ein Busteilnehmer darf maximal 350 m Leitungslänge von der Spannungsquelle entfernt liegen.

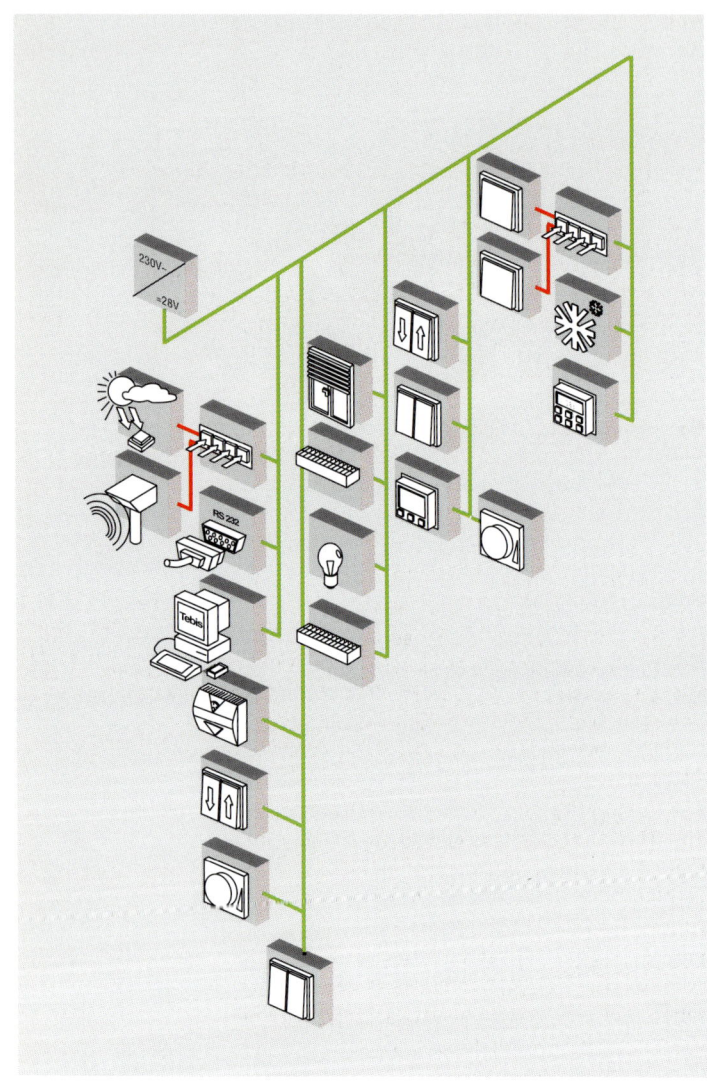

*Abb. 33: Der Bus ist in Bereiche und Linien gegliedert. Die Linie als kleinste autarke Einheit kann bis zu 64 Busteilnehmer verwalten.*

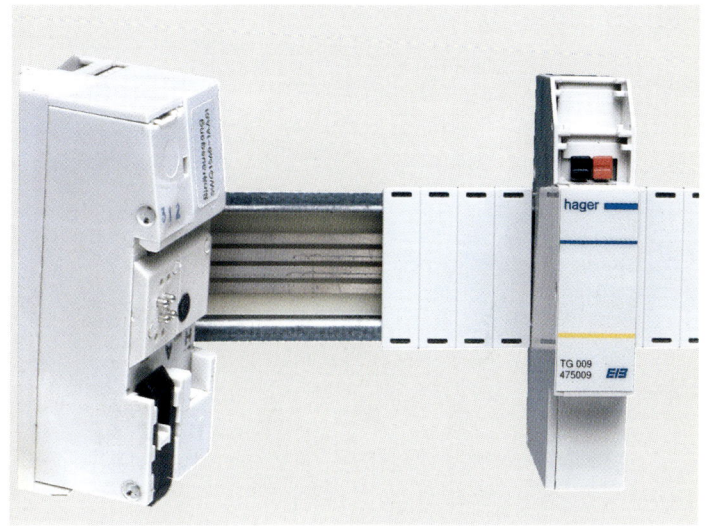

Eine Linie kann teilweise im Verteiler und teilweise im Gebäude verlaufen. Im Verteiler ist der Bus als Datenschiene ausgebildet. Eine Folie mit vier Leiterbahnen wird dazu in die Hutschiene eingeklebt. Die Modulargeräte bekommen beim Einrasten Kontakt zur Datenschiene und sind so mit dem Bus verbunden (Abb. 34).

*Abb. 34:*
*Die Datenschiene ist der Bus im Verteiler; auf sie brauchen die Modulargeräte nur aufgeschnappt werden.*

Um mehrere Datenschienen zu verbinden oder eine Busleitung nach außen anzuschließen, benutzt man Verbinder, die auf der einen Seite Kontakt zur Datenschiene haben und auf der anderen Steckklemmen besitzen.

Die Busleitung ähnelt einer Telefonleitung, jedoch müssen bestimmte Werte für den ohmschen und kapazitiven Widerstand eingehalten werden, und die Spannungsfestigkeit muß den DIN-Vorschriften genügen.

Die Busteilnehmer im Feld haben mehrere Steckklemmen, so daß die ankommende und abgehende Busleitung einfach angeschlossen werden kann. Die Verzweigung der Busleitung erfolgt über spezielle Busklemmen.

**Aktoren und Sensoren**
Sensoren und Aktoren gibt es in verschiedenen Bauformen:

**Verschiedene Bauformen**

- als Modular- bzw. als Reiheneinbaugerät (REG)
- als Unterputzgerät (UP)
- als Aufputzgerät (AP)
- als Einbaugerät (EB)

Ein typisches Modulargerät ist der *vierfache Binäraktor*. Er kann vier Verbraucher unabhängig voneinander mit einer Nennspannung von 230 V und einem Nennstrom von 6, 10 oder 16 A schalten.

**Beispiele**

Typische Unterputzgeräte sind Ein-, Zwei- und Vierfachtaster, mit denen beliebig geschaltet und gedimmt bzw. gestellt werden kann. Weitere UP-Geräte sind Temperatursensoren, Temperaturregler, Stellaktoren für die Heizkörper, Bewegungsmelder, IR-Empfänger, Info-Displays und Kontakteingaben.
Als Aufputzgeräte stehen z.B. intelligente Verteilerdosen zur Verfügung, an die konventionelle Taster, Lampen, Jalousien und Stellventile angeschlossen werden können.
Einbaugeräte werden als Schalt- oder Dimmaktor für Lampen, als Stellaktor für Jalousien und Elektroheizkörper geliefert.

**Serielle Schnittstellen**
Weit verbreitet ist die serielle Schnittstelle. Für sie wurde durch die RS232-Norm ein Normstecker, Normsignale und eine einfache Prozedur für die zeichenweise Kommunikation definiert. Wir finden sie als COM-Schnittstelle an

**Schnittstellen**

jedem PC und als Dialogschnittstelle in vielen Prozessoren, Geräten und Systemen.

Sie paßt die elektrischen Signale des EIB-Busses an die genormte RS232-Schnittstelle an und erlaubt somit den elektrischen Anschluß von PCs und Fremdgeräten.

Sie enthält einen eingebauten Microcontroller, der darüber hinaus den Dialog und die Informationsdarstellung festlegt. Darauf muß sich das angeschlossene Gerät, z.B. der PC mit seiner Kommunikationssoftware, einstellen.

Die EIB-Schnittstelle steht als Modulargerät und als Unterputzgerät zur Verfügung. Das Modulargerät dient hauptsächlich als Serviceanschluß für den PC, um den EIB zu parametrieren und zu testen.

Das UP-Gerät ist z.B. für den Anschluß einer PC-Leitstelle gedacht, um das Gebäude zentral zu überwachen und zu steuern.

Natürlich kann es im EIB mehrere serielle Schnittstellen geben. Über jede ist der Zugriff auf alle Informationen des Bussystems möglich.

**Controller**

Der Controller ist ein intelligentes Busgerät. Er hat Zugriff auf alle Businformationen und kann mit allen Sensoren und Aktoren, aber auch mit anderen Controllern und Geräten an seriellen Schnittstellen kommunizieren.

Ein Controller enthält neben der Buselektronik einen Microprozessor und einen Arbeitsspeicher. In ihm können verschiedene Anwenderprogramme ablaufen.

**Anwenderprogramme im Controller**

Üblicherweise besitzt der Controller einige Statusanzeigen und eine oder mehrere serielle Schnittstellen. Je nach Hersteller wird die serielle Schnittstelle zur lokalen Bedienung, zum Parametrieren und Programmieren benutzt, indem man hier einen PC mit entsprechender

**Gateway**

Software anschließt. Häufig wird der Controller als Gateway genutzt; dann ist an die serielle Schnittstelle das Fremdsystem angeschlossen, mit dem das EIB-System kommunizieren soll. Die serielle Schnittstelle kann auch als RS485-Busschnittstelle ausgebildet sein, insbesondere dann, wenn spezielle Busgeräte direkt an den Controller angeschlossen werden sollen.

### Die Buskommunikation

Jeder Busteilnehmer enthält einen Microcontroller. Er wickelt einerseits die gesamte Buskommunikation ab, andererseits bedient er eine Anwenderschnittstelle und hat dafür ein für die jeweilige Anwendung spezifisches Programm. Dieses ist in einem EEPROM-Speicher abgelegt, der über den Bus geladen wird und bei Spannungsausfall die Information nicht verliert.

*Abb. 35:*
*Die Busanschluß-*
*elektronik (BCU)*
*macht den Sensor*
*oder Aktor intelli-*
*gent. Sie verbindet*
*Bus und Anwender-*
*module über genorm-*
*te Schnittstellen mit-*
*einander.*

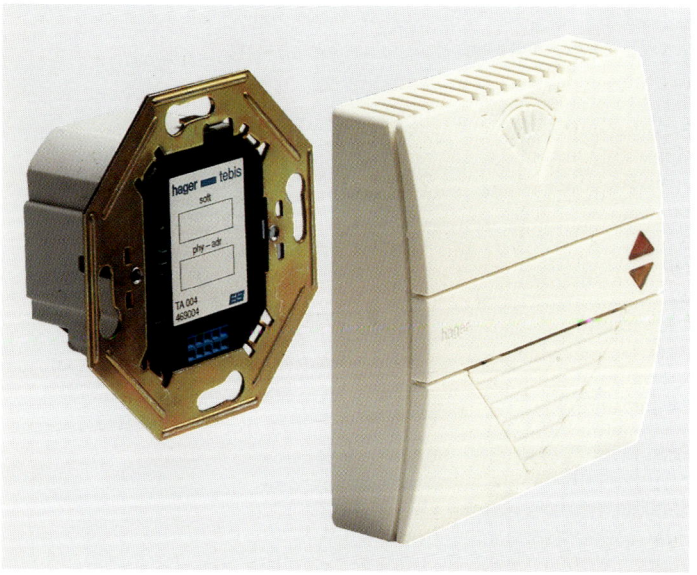

Der Mikrocontroller ist das Herzstück der sogenannten BCU, der »bus coupling unit«, d.h. der Busanschlußeinheit (Abb. 35). Sie enthält die elektrischen Anschlüsse zur Bus- und zur Anwenderseite, die Busanschlußelektronik und Spannungsüberwachung sowie eine Programmiertaste und eine Leuchtanzeige. Die BCU ist eine sehr kompakt aufgebaute Elektronik mit geringem Stromverbrauch, hoher Sicherheit, sicherer Kommunikation, angepaßter Verarbeitungsleistung und geringen Stückkosten.

Wie bereits erwähnt, werden die BCUs einer Linie von einer gemeinsamen Spannungsquelle versorgt, und zwar über eine Zweidrahtleitung. Die Spannungsquelle liefert eine Gleichspannung von 28 V. Sie enthält eine Spannungs- und Stromregelung und ist damit kurzschlußsicher. Netzunterbrechungen bis zu 100 ms werden überbrückt.

**Gemeinsame Spannungsquelle**

Die Busteilnehmer sind transformatorisch, d.h. hochohmig und rückwirkungsfrei an die Busleitung angekoppelt.

Lokale Informationen werden nur zwischen Busteilnehmern einer Linie ausgetauscht. Linienübergreifende Informationen werden von Linienkopplern weitergeleitet, bereichsübergreifende Informationen von Bereichskopplern, die jeweils übergreifende Informationen passieren lassen. Die Koppler arbeiten mit Filtertabellen. Linien- und Bereichskoppler sind Modulargeräte, die stets primärseitig eine Klemme und sekundärseitig eine Datenschiene als Busanschluß besitzen.

**Austausch lokaler Informationen**

Die Daten werden in kurzen Telegrammen verpackt. Ein Telegramm mit Quittierung durch den oder die Empfänger dauert je nach Nachrichtenlänge 20 bis 40 ms. Fehlerhafte Übertragungen werden bis zu dreimal wiederholt.

**Spontan senden**

Jeder Teilnehmer kann spontan senden, wenn der Bus frei ist. Bei gleichzeitigem Senden zieht sich der Teilnehmer mit der niedrigeren Priorität zurück. Für die Übertragung gibt es vier Prioritätsstufen.

### Adressierung

Jeder Busteilnehmer besitzt eine eindeutige physikalische Adresse, die nach Bereich, Linie und Teilnehmernummer gegliedert ist. Sie wird einmalig bei der Systemeinrichtung definiert.

Der Busteilnehmer erhält seine Anwenderfunktion durch Laden des Anwenderprogramms. In ihm sind Kommunikationsobjekte enthalten, über die die Busteilnehmer untereinander kommunizieren. Die Verbindungen zwischen den Busteilnehmern werden durch logische Adressen (Gruppenadressen) hergestellt.

## Planung und Installation

Busfähige Elektroverteilungen haben eine wesentlich größere Automatisierungstiefe als klassische Elektroverteilungen. Auch die Investitionskosten liegen höher. Es ist daher notwendig, besonders sorgfältig zu planen.

### Vorplanung

**Kundenwünsche erfassen, präzisieren, festschreiben**

Die Vorplanung beginnt damit, die Kundenwünsche möglichst genau zu erfassen, zu präzisieren und festzuschreiben. Hierzu müssen die verschiedenen Anwendungsmöglichkeiten durchdiskutiert werden, und es muß anhand der zunächst grob ermittelten Kosten vorentschieden werden, wo sich die Bustechnik sinnvoll einsetzen läßt: für welche Räume, für welche Funktion und für welche Funktionstiefe. Ziel der Vorplanung ist die Erarbeitung eines realisierbaren Gesamtkonzeptes, das der beabsichtigten Nutzung des Gebäudes Rechnung trägt.

In der Vorplanung werden meist mehrere Alternativen durchgespielt (Abb. 36).
Diese Arbeit setzt beim Planer hohe Kompetenz voraus. Es gibt heute Planungshilfsmittel, die bei der Mengen- und Preisermittlung gute Dienste leisten. Sie schlagen erprobte Standardkonfigurationen vor und kombinieren diese miteinander.

*Abb. 36:*
*Im Planungsge-*
*spräch werden die*
*Funktionen der Elek-*
*troverteilung im*
*Detail festgelegt.*

**Ausführungsplanung**
Die Ausführungsplanung vertieft das Konzept der Vorplanung. Sie legt die Geräte, die Einbauorte, die Verkabelung und die Detailfunktionen fest. Ihr Ergebnis ist eine detaillierte Ausschreibung, nach der verschiedene Angebote eingeholt werden können. Natürlich muß die Ausschreibung den aktuellen Stand der Technik

**Detaillierte**
**Ausschreibung**

berücksichtigen. Außerdem dürfen keine Spezialsysteme ausgeschrieben werden, die vielleicht nur von einem bestimmten Hersteller angeboten werden können. Eine gute Ausführungsplanung läßt dem Anbieter wenig Interpretationsspielraum, so daß die Angebote technisch und preislich gut miteinander vergleichbar sind.

### Projektierung

Auf Basis der Ausschreibung und der Angebote wird einer Fachfirma der Ausführungsauftrag erteilt. In der Regel wird auch die Projektierung von dieser Firma durchgeführt (Abb. 37).

*Abb. 37:*
*Mit der Projektierung wird die funktionsfähige Elektroverteilung zusammengestellt. PC-Programme, sogenannte TOOLS, erleichtern die zahlreichen Entwurfs- und Dokumentationsarbeiten.*

Sie erstellt die Detailpläne und die Stücklisten, organisiert die Projektabwicklung und bereitet die Geräte für die Montage und Inbetriebnahme vor.
Eine busfähige Elektroverteilung erfordert immer vier Arbeitsschritte und deren Dokumentation:

- Der Installationsplan beschreibt die Verdrahtung im Gebäude.
- Der Stromlaufplan beschreibt die elektrische Funktion.
- Der Aufbauplan beschreibt den mechanischen Aufbau der Verteiler.
- Der Funktionsplan beschreibt die Kommunikationsfunktion und damit das Programm, das später in die Busteilnehmer geladen wird.

**Vier
Arbeitsschritte**

In den Installations-, Stromlauf- und Aufbauplänen ist jedes Gerät eindeutig bezeichnet. Seine Funktion wird textlich oder symbolisch dargestellt.

In den Funktionsplänen sind die Geräteeigenschaften durch sogenannte Parameter spezifiziert. Das Gerät ist aufgrund seiner physikalischen Adresse zuzuordnen. Der Funktionsplan definiert darüber hinaus die logische Adresse, die die Kommunikationsobjekte miteinander verbindet.

**Der Funktions-
plan**

Aus den Plänen können Details herausgelesen werden, beispielsweise die Stückliste, die Verdrahtungsliste, die Kabelliste, die Adreßliste, Buslängen, die Wärmebelastung der Verteiler und vieles mehr. Weitere Dokumente werden erstellt, wenn das Bussystem Controller-, Leitstellen- und Gatewayfunktionen erhält.

Jeder Controller enthält einen eigenen Funktionsplan, der seine Strategie und Funktion beschreibt.

Die Leitstelle verfügt normalerweise über die Möglichkeit, die gesamte Parametrierung auszudrucken und auf Datenträger zu sichern.

## Montage
Anhand der Projektierungsunterlagen wird die busfähige Elektroverteilung, bestehend aus Starkstromteil und Busteil, aufgebaut.

*Abb. 38:*
*In der Montagephase*
*werden Verteiler und*
*Installationsleitungen*
*fachgerecht montiert,*
*verdrahtet und*
*geprüft.*

Es ist selbstverständlich, daß die Montage nur von qualifiziertem Fachpersonal durchgeführt werden darf (Abb. 38).

Ein Großteil der DIN- und VDE-Vorschriften ist nicht detailliert aus den Projektierungsunterlagen erkennbar, sondern wird bei der Installation vom Fachmann geprüft und gewährleistet.

**Der Installateur garantiert die Funktionsfähigkeit**

Normalerweise liefert der Installateur ein Prüfprotokoll. Es garantiert die einwandfreie, sichere elektrische Funktion der Anlage.

Änderungen gegenüber der Projektierung müssen mit dem Projektierer besprochen und in die Pläne eingetragen werden.

**Inbetriebnahme**

Während der Inbetriebnahme wird die Funktionsfähigkeit nachgewiesen (Abb. 39).

Die im Funktionsplan festgelegten Parameter und Programme werden über den Bus in die Busteilnehmer geladen.

*Abb. 39:*
*Die Inbetriebnahme liefert den Nachweis über die Funktionsfähigkeit der gesamten Elektroverteilung.*

Dieser Schritt kann sowohl auf der Baustelle als auch in der Werkstatt erfolgen.

Die Programmierung in der Werkstatt ist wesentlich effizienter, setzt aber voraus, daß die Geräte exakt gekennzeichnet und vom Installateur genau an der vorbestimmten Stelle eingebaut werden.

Während der Funktionstests werden in der Regel kleinere Änderungen gewünscht. Auch sie müssen mit dem Projektierer besprochen und in die Pläne eingetragen werden. Auch der Inbetriebnehmer liefert normalerweise ein Prüfprotokoll.

# Fachbegriffe

**Berührungsschutz**   Verhindert die direkte und indirekte Berührung von elektrischen Leitern auch im Kurzschlußfall

**BCU**   engl. bus coupling unit; Busanschlußeinheit. Mikrocontroller in jedem busfähigen Sensor und Aktor.

**Controller**   Mikrorechner für systemübergreifende Managementaufgaben.

**Datenschiene**   Busleitung im Verteiler.

**EVU**   Energieversorgungsunternehmen

**GA**   Abk. für Gebäudeautomation. Darunter versteht man die Automatisierung von Gebäudeeinrichtungen, hauptsächlich Klima/Lüftung.

**Gateway**   Kommunikationsgerät, das zwischen unterschiedlichen Systemen vermittelt.

**Geräteschutzklassen**   Sicherheitsrelevante Geräteeigenschaften.

**GLT**   Abk. für Gebäudeleittechnik. Darunter versteht man die zentrale Überwachung und Fernsteuerung von Gebäudeautomatisierungseinrichtungen.

**GS**   Abk. für Geprüfte Sicherheit.

**GST**   Abk. für Gebäudesystemtechnik. Darunter versteht man die Bustechnik in der Elektroinstallation.

**Induktionsströme**   Durch ein elektromagnetisches Feld in einem elektrischen Leiter hervorgerufene Ströme.

**IR**   Abk. für Infrarot. Drahtlose Übertragung im Nahbereich.

**LCD-Anzeige**   engl. liquid crystal display; Flüssigkristallanzeige für Bussignale im Klartext.

**Mittelspannung**   10 bis 30 Kilovolt

**Niederspannung**   Kleiner 1 Kilovolt

**RS232-Schnittstelle**   Serielle Schnittstelle für PC und Bus.

**Schutzarten**   Sicherheitsrelevante Eigenschaften von Gehäusen elektrischer Geräte.

**Schutzerdung**   Leitet den für den Menschen gefährlichen Kurzschlußstrom über Erde ab.

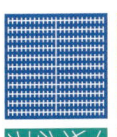